大宋花事

·沈胜衣·著

华文出版社

图书在版编目（CIP）数据

大宋花事 / 沈胜衣著. -- 北京：华文出版社，2025.5. -- ISBN 978-7-5075-6045-9

Ⅰ．S68

中国国家版本馆CIP数据核字第2025R7K050号

大宋花事

作　　者：	沈胜衣
策划编辑：	方昊飞
责任编辑：	景洋子
装帧设计：	周　晨
出版发行：	华文出版社
地　　址：	北京市西城区广外大街305号8区2号楼
邮政编码：	100055
网　　址：	http://www.hwcbs.cn
电　　话：	总编室 010-58336239　发行部 010-58336202 编辑部 010-58336252
经　　销：	新华书店
印　　刷：	三河市航远印刷有限公司
开　　本：	787mm×1092mm　1/32
印　　张：	7.375
字　　数：	122千字
版　　次：	2025年5月第1版
印　　次：	2025年5月第1次印刷
标准书号：	ISBN 978-7-5075-6045-9
定　　价：	52.00元

版权所有，侵权必究

宋　佚名　《采花图》

注：愿本书也如此画意，从宋代采回一枝花。

南宋 佚名 《花坞醉归图》

注:此画反映宋人的花间生活情态,恰如本书首篇的文题《以木成家,以花乐活》。

北宋　苏汉臣　《货郎图》

注：见《大宋花事，簪花见之》。

南宋　佚名　《打花鼓图》

注：见《好花开满男儿头》。

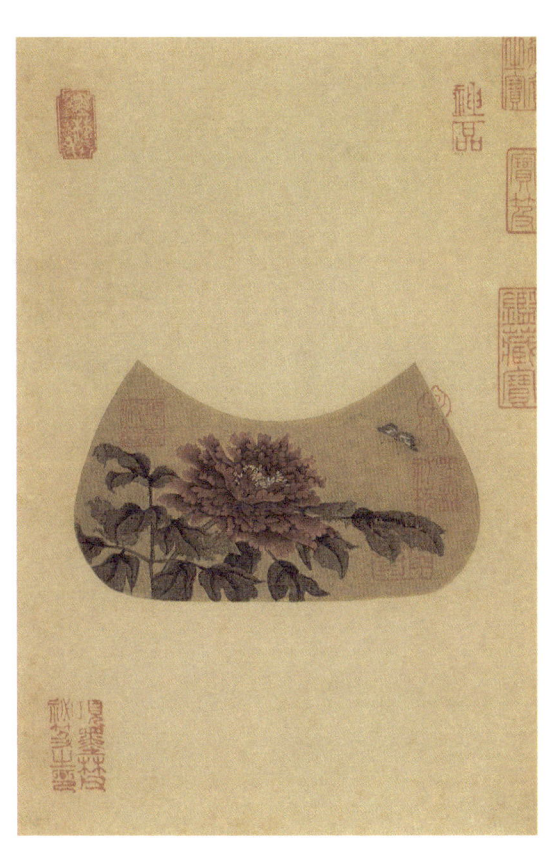

南宋 马远 《小品册八帧》

注：参看《好花开满男儿头》等篇。

南宋 马远 《白蔷薇图》

注：参看《好花开满男儿头》等篇。

南宋　林椿　《山茶霁雪》

注：参看《好花开满男儿头》等篇。

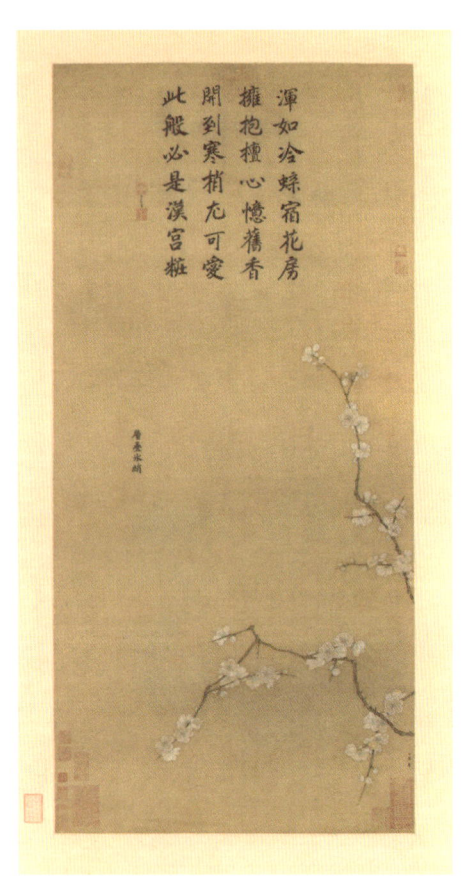

南宋　马麟　《层叠冰绡图》

注：参看《好花开满男儿头》等篇。

北宋　赵佶　《宋徽宗荔枝图》

注：参看《金果结腰间，银荔生耳鬓》等篇。

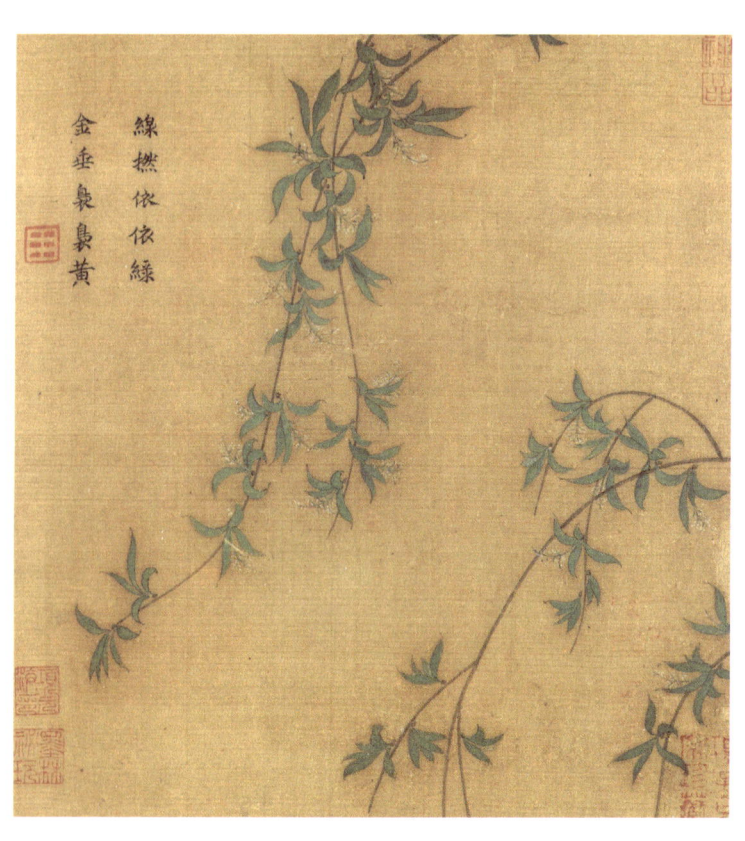

南宋 佚名 杨皇后题诗 《垂杨飞絮图》

注：见《杨柳垂青亦垂金》。

南宋　吴炳　《渌池擢素图》

注：参看《梅竹格调，榕荔土风》等篇。

南宋　佚名　《折枝花卉图》（部分）

注：参看《梅竹格调，榕荔土风》《使君原是此中人》等篇。

南宋　佚名　《胆瓶秋卉图》

注：见《新春宋花书话》。

北宋　赵佶　《桃鸠图》

注：见《新春宋花书话》。

南宋　佚名　《柳院消暑图》

注：此画的柳树、庄园、消暑，以及荷塘、水泊、山峦等元素，都是《水浒草木状》重点谈到的情景。

南宋 李嵩 《花篮图(春)》

注:见后记《时见两三花》。

自序

一枝依然笑插鬟

宋朝的意义和魅力，可由我的一番体验见出：前些年立意作"年度朝代阅读"，对魏、晋、南北朝、隋、唐，分别选择一些专题，花一年的时间去通览一个朝代。然而，至2020年进入对宋朝的研读之后，迄今已数载，却仍沉迷于宋史、宋花、宋人、宋文的世界，不愿出来了，且还打算继续沉浸，觉得不必再往下看后面的朝代。——宋，就是如此让人流连忘返。

多谢友人胡君，在我刚开始宋代主题读写的那个春天，就给出一个好名目，提议做一部《大宋花事》。这个角度正是我的兴味所在：聚焦花木文化，对与植物相关的宋朝人物、故事、作品和风尚，做一点相对小众但切实有趣的挖掘和解读。

现在这本书，收文虽不多，但有谈花，有述人；有书话，有纪游；有社会文化的泛议，有独特现象的专题；有正面详析的植物笔记，有旁逸斜出的草木勾连，意在多维度地呈现宋代的花事缤纷。写法上，既于书间考辨，从而酝酿文史情味；也到实地寻访，从而品赏生活趣味。既着重对前贤成果的梳理选介（当中征引诗文，多取宋人文献及后代论宋专著，"以宋说宋"），也时见个人的心得，乃至心事。我是希望以学术的严谨来做文学的叙述，在学院派论文与大众化闲话之间，提供一种折中的文风；在宋朝评介领域的硕果强干、粗枝茂叶之外，拈出一簇私己的杂花。

此书之成，要特别感谢友人余兄。不仅在于他多年的厚爱支持，他对我这些文字很早就给予的肯定，在此还想顺记他的一番批评爱护、劝慰开解。我由于早几年的外界因素和个人背景，工作高度紧张，长期忙碌不堪，真正疲于奔命；也仍勉力见缝插针，以零星花事、书事苦中作乐，并发点风花雪月的朋友圈（包括"大宋花事"的日常读写零碎），那是对另一个自我的微弱维系，借之亦发点怨诉。余兄平时温文尔雅，很少发言，但我这种怨妇式朋友圈终于令他忍不住，有回跟了帖，大意说："有这么丰富的精神生活，还理那些俗事作甚。"此一言警醒，是那段艰苦岁月的慰怀好话，一直感动于心，不时想起，支撑我坚持个人的小天地。本书很多文章，都是在这种心态下写出的，要真诚地多谢他。

如今，无论现实世界的一种阶段，还是我的职业生涯阶段，都过去了。"大宋花事"主题，从春天开始，至数年后秋季正式成书，回想期间所历世事与自己的几番巨大转变，不为无感。开

自序 一枝依然笑插鬟

撰此序的霜降之日，重读东坡词，他有一首《雨中花》，是在密州时因忙于治蝗，春天牡丹盛放也无暇往赏，到九月此花却忽然又开了一朵，可对之置酒作词，有云："秋向晚，一枝何事，向我依然。"这春花逆时秋开，是天公对俗世中人的奖赏，补偿从前的公务困身劳碌。又有一首《劝金船》，是东坡临别杭州与人唱和之作，写送别饮宴的情景有云："纤纤素手如霜雪，笑把秋花插。"这可以理解为将花插入瓶中，但考虑官方筵席一般不会临时才布置瓶花，也结合昨天重阳重温的苏轼在徐州重九词《千秋岁》，有场景类似的"美人怜我老，玉手簪黄菊"，我便更愿意将"笑把秋花插"理解为同属歌妓替东坡簪戴花儿，那样一种人花相惜的情形。——《雨中花》那几句是天意悯人，《劝金船》《千秋岁》这两处是人间珍重，遂缀合为自序题目。

此时正是农历九月，秋光清旷，有如苏轼诗词的气象；"秋花一枝依然笑插鬟"，则可反映本书重点写到的簪花话题，和涉及的一点东坡内容。同时，咀嚼此语的意象意味，也暗合自己的情景心境。这等个人心绪，就不在序言展开了，且请读者往下看正文罢。

> 2023 年 10 月 24 日霜降起数天，清秋佳日中初稿。

2024年9月14日起数天,又一轮清闲秋色中改订。

——是日与华文社方昊飞、景洋子二君,恰好同时分头再讨论一些书稿细节,借此专门致意这两位编辑:她们从共商体例、篇目,到为我把关文字、核校引文,反复琢磨,细心耐心地付出大量功夫,感谢她们的包容和认真,成全了这册小书。

目录

001
以木成家,以花乐活
——宋代花书记

＊

017
大宋花事,簪花见之

＊

027
好花开满男儿头

＊

057
金果结腰间,银荔生耳鬓

＊

067
杨柳垂青亦垂金

083
梅竹格调,榕荔土风
——晚宋莞人笔间花事

103
宋人的生日礼物
——以苏轼及其家人为例

119
使君原是此中人

135
新春宋花书话

159
草木苏州夏

169
水浒草木状

203
后记 时见两三花

以木成家,以花乐活
——宋代花书记

大宋花事

*

宋，是中国古代几个国家、朝代的名字，其中，最广为人知的是960年至1279年的赵宋（北宋、南宋）。此乃我近两年专注的、本文所谈的范围。宋之所以为宋，缘于宋太祖曾任归德军节度使，治所在宋州（今河南商丘），那里是春秋时第一个宋国的故地，遂以此发迹之处取国号"大宋"。以上为简单的溯源，但我颇有兴趣进而"追本"，关于"宋"这一称谓的本义。查东汉许慎撰《说文解字》："宋，居也。从宀，从木。"由宋太宗御命整理此书的徐铉补记："曰木者，所以成室，以居人也。"也就是说，"宋"字的由来，是古人推崇木材为建造家居的主要材料；而在赵宋建立之初，则从官方权威的高度，从文字学术的角度定义了本朝的祝愿：以木表示人得以安居。缘此，"宋"乃是一个天然带有植物隐喻的吉祥字眼，宋人曾有几句诗，恰好也无意中相当于对"宋"的拆字解说："艺木荫庭宇。"而它的上一句是："种花养风烟。"（《次陈少卿见赠韵》）两者合起来正是我心目中的宋代景象：当时的植物产业，特别是实用性木材和农作物之外的观赏花木，其种植（农业）、消费（商业）和文化都达到高潮，乃至顶峰。对此，历来多有学者注意，在研究著述和古籍整理方面，皆有不少成果，只谈谈这些宋代花书，便可见出大宋花木是如何养成家国风尚，悦乐着人们的生活。

上

首先,近年出了几本宋代花事专论,反映人们越来越聚焦这一题目,是可喜的现象。

姜莉《花卉与宋代社会生活》(四川大学出版社,2018年5月),此书篇幅不大,但体例精当,分类明晰,虽浅近,但较全面。它"从皇室、士大夫、百姓三类人群生活中对花卉的运用进行考察,以获得对宋代社会生活更为深入的认知"。三部分下面再细分,涉及园林、节庆、日常,以及栽培、市场等方面,尤其是对两项宋代突出的花文化:花卉簪戴,三类人各有专述;花卉谱录,也有专节,可谓能突出重点,简明到位。

吴洋洋《宋代士民的"花生活"》(中国社会科学出版社,2019年2月),该书名并未完全反映其宏愿,作者其实是要通过宋代花事,"探讨宋人日常生活和社会实践领域所呈现出的'审美化'转向"。中国人的生活审美化,是从宋代开始定型的(这是两宋被称为我国文化史高峰的一个例证),宋朝既是士大夫社会,又是平民时代,在二者的交互影响下,世俗人生出现精致化倾向,花就是其时优雅生活的一大表征。

由此出发的论述,令该书具备一定深度。首先介绍的是宋代普遍簪花的风尚,从当时突出的男子簪花讲起,记宋人以花修饰身体,兼及相关文化现象,如仕与隐的心结矛盾问题。这一章颇为深入，值得重视。以下由食花讲到饮食文化风尚，由花与交游讲到文人生活，以及讲花与生活空间等。尤其最后第五章，"拒绝遗忘：体验的反抗"，从这个角度写花文化，很独特，作者指出宋人对花的欣赏，和大量花卉谱录、文艺作品对花的记述，是因"宋人想要用'记忆'来对抗'消逝'"，"是审美体验为拒绝'遗忘'而做出的反抗"。——此论甚可品味，读之（包括全书其他内容，也包括引用的宋代诗文史料），很获增益。

这两本研究专著之外，合集方面，近年也有两种"风雅"之书。一为《道是风雅却寻常：宋人十二时辰》（中国民族文化出版社，2020 年 6 月），作者魏策将宋人生活的各种雅致胜事，对应一天各个时辰来介绍。在此独特体例中，结合清晨卯时的梳妆打扮写《万数簪花满御街》，侧重谈宋代男子簪花成为时尚，乃至成为礼制，展示宋人对花空前绝后的热爱。

二为多人合著的《宋：风雅美学的十个侧面》（生活·读书·新知三联书店，2021 年 1 月），其中扬之水《平凡器物中的人间清趣》，既谈名物，也由此反映"日常化的宋代花事"，以作者长久沉浸该领域的学养与情趣，谈得温雅婉约，胜义纷披。按：相关话题，在扬之水《宋代花瓶》（人民美术出版社，2014 年 2 月）的书名同题篇及《宋人与花与香与瓷器》等文也有类似探讨，一以贯之的文字优雅，内容扎实，细节动人。

＊

顺此，略记前人非专集的"宋花"论述，以见相关研究的发展（包括为前述两书打下的基础）。只限于我手头所有，而且书题点明涉宋，并有这方面明确章节者，按出版时间为序：

漆侠《宋代经济史》（上海人民出版社，1988年7月），宋史名家的全面专著，在论述"商业性农业、经济作物"时有《养花业的发展》等专节，虽内容不多，但应属此题目在当代的开山之作，对后来论者影响深远。

林正秋《宋代生活风俗研究》（中国商业出版社，1997年10月），有专章《宋代的花卉文化》，总论"花市""花卉著作""花朝节与花会"等，分论多种花卉的宋代情况。前一部分不如后一部分铺展得开，但价值在于较早搭起了宋代花卉研究的框架。

朱瑞熙等《辽宋西夏金社会生活史》（中国社会科学出版社，1998年8月），有简略的《簪花》一节。

尚园子等《宋元生活掠影》（沈阳出版社，2002年1月），有《宋代的花朝节》等简要"掠影"。

汪圣铎《宋代社会生活研究》（人民出版社，2007年12月），有专文《宋代种花、赏花、簪花与鲜花生意》，是具学术深度的文史论述，内容重要，后来很多书也参考了该篇。

方健《南宋农业史》（人民出版社，2010年1月），其中园艺业一节中的《花卉》，与其他经济作物等内容一样，深厚广博，所论"看花与簪花""种花与卖花"等,比他书要深入和广泛,且广引宋代诗词为证,写得正如宋人头髻斜簪花之摇曳美态,读来甚喜。

美国艾朗诺《美的焦虑——北宋士大夫的审美思想与追求》(上海古籍出版社,2013年4月),有《牡丹的诱惑:有关植物的写作以及花卉的美》一章,以一种花做深度探讨,如"苏轼对于牡丹作品的处理"等,是学院派风格的论述。

王莹《唐宋国花与中国文化》(河南人民出版社,2013年6月),从诗词的"国花"意象切入,并运用花卉谱录等文献,探究中国文化精神。其中对"花之人格化"及花谱之盛这些宋代显著的特色都有专论。

梁志宾《风雅宋——宋朝生活图志》(中国财政经济出版社,2014年9月),从宋代男子簪花说开去的《花样年华》一节,收集案例、分类、述源流等,内容比较丰富。

邵庆国主编《宋代科技成就》(河南科学技术出版社,2014年10月),是较好较全面的集萃介绍,在"农业农说"部分有花木内容,以及花卉果木的谱录等汇述。

吴钩《宋:现代的拂晓时辰》(广西师范大学出版社,2015年9月),有简略的"鲜花"一节。

张全明《两宋生态环境变迁史》(中华书局,2015年12月),

有《两宋的植被环境研究与林木花卉文献》专节,是他书所不及的全面而专业的成果。

吴钩《风雅宋——看得见的大宋文明》(广西师范大学出版社,2018年6月),有《宋人爱插花》篇,比其上一本书的内容充实了很多,而且特色是配以相关宋画,较为直观。

施錡《宋元画史中的博物学文化》(上海书店出版社,2018年7月),如书名所示的独特研究,所述包括宋画中的花草,如涉及簪花的《时间与画中的植物:"四时花"与"一年景"》等章,细密渊博,写得有破案之趣。

郎国华《岭海生名粤——宋代广东经济九章》(广东人民出版社,2019年1月。按:早年以《从蛮裔到神州》的书名出版过),有《花:"人竞买戴"》一节,简述岭南花事。

石润宏等《唐宋植物文学与文化研究》(北京燕山出版社,2019年3月),其中《唐宋植物文化论丛》部分有多篇论文,但真正涉宋代花卉只有《论陆游词中的植物意象》。

魏华仙《宋史拾穗》(中国社会科学出版社,2019年7月),有专论《专业化与商业化:宋代的花卉种植业》,以及谈宋代花卉的"商品性消费""实用性消费"等,内容较专而全,纷繁可喜,但对前人借鉴也较多。

以上诸书,是从经济、农业、艺术、社会生活等角度的研究,从文学角度的新书则有：

冯娜《唯有梅花似故人——宋词植物记》（江西美术出版社，2019年10月），是分述出现在宋词中的数十种花木的文艺小品。有些文史硬伤，如谈梅花妆，似乎作者没分清那是南朝时刘宋，而非赵宋的故事。但也不乏美感与启悟，如说在宋人那里，茱萸不再背负实用主义的功用，只是一种审美对象。这让我想到：宋代一方面对植物高度人格化（梅花便是这样），另一方面又纯取审美主义（橘也是这样，书中指出，宋人已脱离了屈原对橘树的理想人格塑造，甚至只单纯欣赏橘的花）。

吴荣桦《唐宋花卉诗词108首赏析》（哈尔滨出版社，2021年4月），手头原本还有翟露等选编《唐宋赞花名诗400首》（内蒙古文化出版社，2002年11月），是纯粹收录，可存而不论；现在这本"赏析"，按花分类系以作品，有花的知识简介和内容、格律的讲解——它与上面的《唯有梅花似故人》，分别是2022年、2020年刚进入新岁元旦的开年书，代表了这三年来延续的"宋花"主题。

这类文学书也有些前人著述，亦简记如下（选择标准同前，但按类型而不按时间排序）：

王芳芳《簪花的少年郎——宋词里的爱情与年华》（福建人民出版社，2010年11月），也是女文艺青年风格的赏析之作，总的内容如副题,但亦有正题所示:"赏花"一节,特别其中《头上花枝照酒卮》,就是专门讲宋词中的簪花。

许兴宝《宋词的文学质性研究》(巴蜀书社,2009年11月),其对宋词定性之一是"花草文学",做专章论述,以大量数据统计为基础,指出"宋词是一部时代花草谱"。

黄杰《宋词与民俗》(商务印书馆,2005年12月),有专章《宋词与花卉民俗》,搜罗大量文献、典故对几类花草词做介绍,尤以"梅词"论述深入全面,颇有助后人。

李懿等《宋代民俗诗评注》(巴蜀书社,2011年8月),有"花卉草木类",选诗数量和评点文字虽不多,但颇见融会贯通的深厚学力,与上书同为古代民俗文学的佳作。

陈新璋《唐宋咏物诗鉴赏》(广东人民出版社,1986年7月),其分类编排第一部分就是植物。虽是赏析性读物,但所述颇有文史功底。

倾蓝紫《人闲桂花落——隔花初见唐宋的诗人们》(华文出版社,2007年10月),以花为题切入古人与花之间的故事,旁及花之歌曲。

萧翠霞《南宋四大家咏花诗研究》(中国台湾文津出版社,1994年5月),述陆游、范成大、杨万里、尤袤的咏花之作,并及宋人写花(含花卉谱录)的背景、多种花卉象征类型等,是很精深的论著,写得不错,读之多有收获。

这些"宋花"之论,从不同层面展示宋代植物文化之盛,并揭示背后的"造极赵宋,赫赫辉煌",此正如萧书其中一节副题采用的杨万里诗句,是"一路山花不负侬"了。

下

在上述今人论著之外,另一类宋代花书,是宋人原著,虽然我所能谈的只是当代刊印本,但也足能反映大宋当时的花事绚烂。

其一,关于上节一再提到的花卉谱录。尽管诸家定义有出入,但总的意见认为:"宋代与花卉相关的图书著作,数量之多,堪称空前。……(并)出现了不少一花一谱的专著,由此可见宋代花艺已发展到相当专门、精细的地步。"(《南宋四大家咏花诗研究》)"宋代花文化成熟的表现之一即与花审美有关的文献、谱录数量剧增。……宋代创造了花谱历史上若干个'第一'和'唯一'。"(《宋代士民的"花生活"》)"宋为花卉类谱录诞生和发展的喷薄期。……撰写谱录在宋代成为文人标举自身博雅文化品位的标志。"(《唐宋国花与中国文化》)"据近人王毓瑚《中国农学书录》所列,有关宋代花卉书籍多达三十多种。"(《宋代生活风俗研究》)

因数量繁多，后代各种版本更多，这里只重点记一个范围明确限定的最新汇编本：

《花谱——宋人花谱九种》（商务印书馆，2019年1月一版），将《四库全书》十种花谱中的宋代九种，汇编为一册，影印出版，配以同样在艺术史上盛极一时的宋代花鸟画。

此书与《宋代士民的"花生活"》《唯有梅花似故人》一起，是我去年开始以宋代为读写主题、元旦购获的开年宋花。其前言对宋代花谱的丰富内容有一个概述："涉及花卉的历史沿革、发展变迁、种植技术、园艺美学，还涉及花卉的经济价值、文化价值、审美价值，甚至诗词歌赋、史志笔记、杂说掌故、方术辨疑等。"

但其实，宋人花谱远不止那九种（笔者手头的单行本亦然），这里仅列其名，以见科学史和文化史上一种重要文本之一斑：欧阳修《洛阳牡丹记》（现存第一部花卉专论），王观《扬州芍药谱》，刘蒙《刘氏菊谱》（第一部菊谱），史正志《史氏菊谱》，范成大《范村梅谱》（第一部梅花专著）、《范村菊谱》，史铸《百菊集谱》，赵时庚《金漳兰谱》（第一部兰花专著），陈思《海棠谱》。它们有的已出过注释本或校点本，如冷文等《洛阳牡丹记》（洛阳市志编纂委员会，1983年4月），王云《洛阳牡丹记（外十三种）》（上海书店出版社，2017年2月），杨林坤等《梅兰竹菊谱》（中华书局，2010年9月），所收宋代花谱均不限于上述，此不详论。

其二，专谱之外的，包含花木内容的综合性文献，它们有：本草药物、经济产业、园林园艺、饮食日用之书，类书和博物志，地理和地方志，笔记小说，经典诠释，画作画谱，等等。当中很多类别在宋代亦颇成规模、著述众多，后之整理本更是浩如烟海、不胜枚举，我压抑住大肆开书单的冲动，在这些广义花书中，只选择其中一类旁生的枝节：农书。这既是个人心意，也是学界普遍看法："传统上认为属综合性农学类著作，其实主要记载的是林木花卉史资料。"（《两宋生态环境变迁史》）"宋以前农书不记接花及花卉栽培之法，故宋代农书中总结的各种花卉栽培之法，就格外令人注目。"（《南宋农业史》）主要有以下两本：

温革《分门琐碎录》，注重农桑种植技艺，但花木内容很多，占一半以上篇幅，记载精彩而重要。这是首次将花事纳入农事之著，拓宽了传统农书的范围，纠正了名著《齐民要术》开始的、农学对花木的轻视排斥态度。现有化振红校注本（巴蜀书社，2009年12月）。

吴怿《种艺必用》，亦为农业生产技术的实用指南，但也是园艺植物之作，有很多花果莳艺的经验记载。元人张福为之补遗，现有胡道静校注本（农业出版社，1963年2月）。

——《分门琐碎录》有一条："菜园中间种牡丹、芍药，最茂。"

《种艺必用》则因袭前书而有一条:"凡种好花木,其旁须种葱、薤之类。"这种农作物与观赏植物同生共荣的景象,有如一个象征画面,可喻宋代经济与文化、实用与审美并行皆盛的社会成就。

其三,宋代个人的文学作品集,以杨万里为代表,他注重在各地观察植物和自家营造花境,且"以一种博爱的胸怀来拥抱群芳","跳脱出所谓'花德'(按:宋人对植物赋予人类品德象征之风甚盛,将花草过度人格化、伦理化)的格局拘束,让各种花卉都能大方自在地参与诗的盛会"(《南宋四大家咏花诗研究》)。前些年,杨万里故乡以纪念其诞辰之机,官方编印了一套诗词丛书,罕见地只收花草作品,包括《杨万里咏花诗词选辑》,以及"咏荷""咏梅""咏竹"之辑,共四种五册,合1300多首(江西吉水县文化广播电视新闻出版局,2017年10月)。虽是流传不广的内部出版物,但这种视角、心意颇佳。

其四,最后要谈谈一部既为个人编集的专著,又是汇总前代无数作者的综合性作品,有着类书、花书(植物志)、农书、文学史料集等多重身份的巨著:陈景沂的《全芳备祖》。

此书辑录植物(特别是栽培植物)资料,是我国以植物为对象的类书之滥觞,是现存最早、记录花木最多的一部著作。全书分两集,前集为花部,后集为果、卉、草、木、农桑、蔬、药七部,共记植物270多种。每种分为:"事实祖",收录前人关于此植物的名称、性状、品种、产地、分布、用途、风俗、史实、典故、轶事和辞赋、杂文等记述;"赋咏祖",辑历代诗;"乐府祖",辑历代词。共得近7400条,其中文学作品占绝大部分,又以宋代最为丰富,引录了不少罕见或不传的珍籍。它对植物的排序也可注意,如花部以梅为首,果部以荔枝为首,都与此前观点迥异,反映了宋人的社会文化风尚和历史、地理、经济等特色。

这部历代至南宋的花木典籍文献与文学作品之集大成,被誉为"世界最早的植物学辞典""宋代文学之渊薮",当代有两个影印本:农业出版社1982年2月出版的《全芳备祖》,据藏于日本的唯一流传的宋刻残本影印,残缺部分以国内的转录本补全;上海古籍出版社1992年5月出版的《全芳备祖集》,以文渊阁《四库全书》为底本。前者印数多一些,更为通行,且宋版原刻的字体朴雅大方,书衣亦古雅,比后者的清刻本要赏心悦目。

近年,则有了第一个点校本《全芳备祖》(浙江古籍出版社,2018年3月),是便于学界厘清原著完整内容和利于读者使用的福音。上述简介,即采自农业版的梁家勉序和此版的程杰前言。

牵头点校的程杰谈道,此版只是初步成果,下来还要做进一步的研究性质的整理。这可令人期盼,然而,我也像他说的那样:"广东杨宝霖先生长期从事《全芳备祖》的点校整理,发表了一些相关论文,但不知何故,迄今未见其点校本问世,令人不胜期待。"

杨宝霖老于文史和农史都有深厚造诣,可谓整理《全芳备祖》的适当人选,他也为此做了近40年的积累准备,交接和请教文、农两界的前辈名家,奔走各地图书馆查核资料,花了巨量时间、精力与金钱,倾注身心,备尝苦劳,过眼、考辨的版本甚多,研究颇有心得。但他在其他方面成果累累,《全芳备祖》却以种种主、客观因素迟迟未能完成。这些年我有幸过从,因一向关注此书此事,曾多次斗胆劝禀他放下其他工作,专注这一盛事壮举,然终是人微言轻。到去年9月,有媒体采访报道,以杨老"谈人生最大的遗憾"为题,记其因年老多病,又有别的牵挂事业,打算放弃半生心血的《全芳备祖》了。其中痛心,可以想象。而我在惘然中,得与相关人士探讨有否转圜余地、如何促成,虽有负他人寄望,绵力不足以相助,但也幸得悉来自其家人和出版界的支持音讯。

《全芳备祖》是我很喜欢的一部书,虽然文学色彩浓郁,侧重辞藻方面,而为一些植物学家所轻,但于我十分合心,多年来不时查检和览读,无论是对花木写作,还是消遣草木光阴,都得过很好收获。如果有来自杨宝霖先生的整理本,则将更为美事,亦属学界众望所归。胡文辉今年年初《呈自力斋杨夫子》一诗结句云:"全芳备祖纷然在,鹤寿何妨著述迟。"我亦借此善祝善祷,寄望杨老的心愿终能得成,让大宋这个花木家园,添一个修整过的繁茂花园,更展斯人与斯代之花草烂漫、果木葳蕤也。

> 2021年6月21日夏至—6月28日农生。
> 此后以随时新获而略补,至2022年3月8日订正。

大宋花事,簪花见之

大宋花事

＊

宋代崇文抑武，以文治天下，军事积弱、疆土受制、外交憋屈，但政治、社会、经济、科技、文艺、教育等高度发达繁荣，世俗化、市民化而又人文化、精致化，物质文明与精神文明的一些赫赫成就在世界史上独领风骚，在中国史上达到顶峰，对后世影响深远——这已成通行定论。虽然还有具体问题的争议，如宋人是否真的那么不能打，还是恰好相反，强敌环伺中也见其铁血？又如宋人的政治制度、社会经济是否真的那么先进，已开现代先声，还是仍受限于封建专制的本质弊端？等等。但无论如何，正如被广泛引用的陈寅恪先生之一锤定音："华夏民族之文化，历数千载之演进，造极于赵宋之世。"

这份赫赫造极，包括几个并非最突出，却仍然足够瞩目的方面：农业（特别是商品化的经济作物生产和经营），本草药物学，园林园艺，饮食日用（包括菜肴、茶、酒、香等），都或有空前的发展，或为开拓性局面，甚至是古代的高峰。而它们的一个共同交集，是我最感兴趣的、以花卉为代表的植物产业与文化，可从上述领域独立出来，展示大宋文明之芳华。

对大宋花事，前人已有很多深入研究的专著，我在《以木成家，以花乐活——宋代花书记》提到过一些重点，这里另选抄几段精当概述：

"宋代社会经济与文化科技的发展，为造园栽花的繁荣奠定

大宋花事，藉花见之

了良好的基础；与唐代相比，宋代的花卉事业又有了新的进步。花卉的发展，形成了许多花卉中心与花市贸易。""花市的繁荣，促进了花卉书籍的编撰。""宋人观赏花卉的人日益增多，尤其是文人学士与城市居民，喜欢许多人会聚在一起观赏、品评与交流，因而逐步形成了观花的聚会与节日活动。""宋代诗词作者感物抒怀，以花喻人吟咏不绝，佳作频出……把花卉的姿质美与人臣的品格美结合起来。"（林正秋《宋代生活风俗研究》之《宋代的花卉文化》）

"所谓的'花'，还有'香''茶''瓷器'，当然都不是宋人的创造，但它却是由宋人赋予了雅的品质，换句话说，是宋人从这些本来属于日常生活的细节中提炼出高雅的情趣，并且因此为后世奠定了风雅的基础。""花卉新的发现和空前规模的引种，对古老品种的选育和栽培以及相关技术的长足进步，又众多花谱的问世，等等……总之，宋代花事是由大的背景推送出来的一种新的生活方式，它的一大特点便是日常化和大众化。""对于栽花莳草，宋人士人好像特别有一种躬身实践的热情。""宋人花事是很商业化的，但不妨碍它浸润诗意。"（扬之水《宋代花瓶》之《宋人与花与香与瓷器》）

"宋人总结出了许多插花的技术经验……还发明了出神入化的嫁接技术。""也因为民间有爱花的时尚，宋朝形成了一个庞大的鲜花消费市场。""我们在历史上恐怕再也找不出其他任何王朝的庶民,能像宋人这么热爱鲜花了。"(吴钩《宋:现代的拂晓时辰》之《鲜花》)

再以两个主要指标为例。品种方面,见于《全唐诗》的花卉有60多种,宋代仅一本陈景沂《全芳备祖》的"花部"就著录了约120种,连同其他植物合计270多种(据此书的现代整理本介绍);而其中每一种花卉还分许多品种,如光是牡丹,据现存宋人文献统计就有240多种(魏华仙《宋史拾穗》)。文艺创作方面,宋诗中,仅以"花"(还未算具体花卉品种)为关键词的宋诗就达40000余首,是唐代的三倍多(吴洋洋《宋代士民的"花生活"》)。宋词中,有统计说出现称呼不同的花草共20000余次(许兴宝《宋词的文学质性研究》),有统计是2400多首咏植物,其中2100多首咏花约占全部宋词的十分之一。宋画中,仅宋代《宣和画谱》与花有关的作品就有1800多幅、占该谱总数近三成(程杰《花卉瓜果蔬菜文史考论》)。数字是最直观的,由此可见大宋花事之繁盛。

这种繁花盛况之先进专业性与广泛普及性,还广至很多不限于上述所举的社会生活范畴,形成花枝招展的各种风习,比如,簪花。

在头上、鬓边或冠帽头巾戴插花卉,历史悠久(文献上可追

大宋花事，簪花见之

＊

溯到西汉初的岭南习俗，见何小颜《花与中国文化》等；文物上也以两汉簪花形象最早，见薛冰《拈花意》等）；而到宋朝最为风行，成为全民潮流乃至国家礼制，特别是男子簪花之风，虽然起于唐代，后世亦有，但绝无宋人那么普遍和狂热，令人印象深刻。这方面，学界亦多有论及，也抄两段：

"实行文人治国政策的赵宋王朝，因商业的繁荣和士大夫阶层的兴起而促成了宋人爱花、养花的社会风气。商业繁荣，城市发达，带来了花卉产业的空前繁荣。簪花也成为一个无关性别、年龄与身份的集体风尚。""伴随着社会经济的繁荣昌盛，宋朝成为一个'花事'最多的时代——不仅种花、卖花、赏花蔚然成风，关于花卉的书籍、绘画、工艺、文学作品等层出不穷，与花卉相关的礼程和文化也得到了空前发展，甚至，插花还与点茶、挂画、燃香合称为'四艺'，成为文人、士大夫阶层风雅生活的重要组成部分。此时，鲜花更加融入日常生活中——发髻间簪花，书房案头插花，宴席上帝王赐花，朋友间互相赠花，婚礼上簪花，宴饮时簪花助兴，给死刑犯人行刑簪花。甚至，在宋金交往和对峙中，簪花风气也影响到了金国。总之，簪花是宋代风俗，亦是宋人的礼节，甚至成为所属时代社交礼仪与生活方式中的一部分。"（贾玺增《四季花与节令物——中国古人头上的一年风景》）

"在宋代的生活风尚中，簪花可以说是最突出、最直观、最具特色的一个社会现象。无论男女老幼、士农工商皆以簪花为时尚。宋代是中国历史上唯一一个男子普遍簪花的时代；无论是日常生活还是节日庆典，簪花都作为风俗习惯得以发扬；宫廷郊祀、宴饮等活动也要簪花，并且将其上升为一种制度，簪花已经具有了'礼'的意义。""宋代簪花属于全民性的日常行为。"其中，"文人通过簪花抒发性情、表达情怀"。"士大夫簪花不仅是对美的追逐，更是向往独立人格、独立精神世界的标志。"此外，还有皇帝、官员、新科进士、新郎、隐士、绿林好汉、市民、劳动者等。(《宋代士民的"花生活"》。另有方健《南宋农业史》还列举了仪仗队、侍卫、军兵、樵夫、艺人、僧人、孩童、老翁等，三教九流都"莫不簪花"。)

至于我自己，对古人，特别是宋人，又尤其是宋代男人的簪花之道，向来甚感兴趣，这两年所撰的《岁时花事》多次穿插谈到。当中"元宵篇"涉及宋代簪花的一种奇葩、"像生花"即假花，这里先拈出补充介绍一下。

像生花出现于官方场合，按礼制分别有几种：

北宋，蔡絛《铁围山丛谈》记载：重大仪式和节庆的宫廷饮宴，依参与人员的重要程度，由奢到俭分别赐戴"滴粉缕金花""罗帛花""绢帛花"。南宋，元脱脱等《宋史》记"簪戴"：朝廷祭祀、两宫寿宴、新科进士宴等，官员按级别由高到低分别赐簪"大罗花""栾枝""大绢花"。这些假花因出自宫廷,又称宫花。它们不仅形制品种有区别,连簪戴数量也有身份等级的严格规定。(参考汪圣铎《宋代社会生活研究》和朱瑞熙等《辽宋西夏金社会生活史》。)

以上像生花用绫罗绢帛等制作,其他人工花材料还包括金属、珍珠、琉璃、水晶、通草、彩纸等,以及鲜花脱水而成的干花;也有不是直接簪戴这些假花,而是做成花样头饰或春幡人胜等节令物来佩戴,甚至直接做成花状冠帽的,吕章申主编的《宋代石刻艺术》收有"挟茵褥男侍石刻",即是说直接头戴绢帛花冠。

从这个"挟茵褥"的仆人形象可见,像生花的应用范围同样不限于朝廷官员群体,而是遍及各阶层。我在《岁时花事》之"元宵篇"谈到《水浒》第七十二回,柴进等人偷取了皇宫侍卫作为标记的头上翠叶金花,得以"簪花入禁院"。实际上,该书对很多好汉,如花荣、徐宁、周通等,都写到他们簪戴不同材料的像生花,可见其在社会上的风行。其中有一处值得稍稍展开一下:第六十一回,燕青的出场形象,"鬓畔斜簪四季花朵"——此据贯华堂本,而容与堂本、袁无涯本则作"鬓畔常簪四季花",易生歧义,也可以理解为这位浪子四季都簪花;但"斜簪四季花朵"明确他当时簪的就是一种叫"四季花"的装饰。(有学者指出"常簪"是原作,"斜簪"是金圣叹所改,那个"朵"字也是加上去的。)

这"四季花"的背景,是宋人因对花事和节令的重视,进而喜欢将四季花卉统一呈现。"宋代是花卉文化和'四时'美学观念成熟的时期","宋人喜爱四时俱全的赏花趣味"。陆游《老学庵笔记》记:"京师织帛及妇人首饰衣服,皆备四时……花则桃、杏、荷花、菊花、梅花皆并为一景,谓之一年景。"如此"一年景",不可能全是鲜花,只有用工艺品才能展示。其直观反映,是《宋仁宗后坐像》,画中两位宫女头上的花冠,堆簇了不同时令的各色花卉近百朵,细看有些似是鲜花,但至少部分乃珠宝等所制。从燕青到宫女簪戴的四季花、一年景,见出宋人不仅对花,还有对岁时季节的热爱,以及像生花等手工业的发达。(参考《四季花与节令物》和施錡《宋元画史中的博物学文化》)

不过,正如《南宋农业史》说的:"簪花中,最为人们看重的是'生花',即应时的四季鲜花,而不是绢花之类假花。"就此,人们也有不少论述,除上面引用的诸书外,以下一些亦有这方面的专门内容:

姜莉《花卉与宋代社会生活》。当中讲到簪花的具体操作:"宋代男子经常佩戴的冠帽中,有一种叫幞头。所谓幞头,是一种由头巾发展而来的帽子。簪花时,一般是将花卉簪戴在幞头上。"(按:傅伯星《大宋衣冠——图说宋人服饰》有图绘反映了其他

大宋花事，簪花见之

*

簪花方式。）

魏策《道是风雅却寻常：宋人十二时辰》。当中介绍宋人绘画时，亦等于点出花之簪法：苏汉臣和李嵩的《货郎图》，那些货郎一把年纪"也不忘在鬓边或头顶簪上一朵小花"。该书还收入明、清画家所绘的宋代男子簪花图。

王芳芳《簪花的少年郎——宋词里的爱情与年华》。作者称："《全宋词》中，描写男性簪花的比描写女性的作品多出四倍。"这一统计令人瞩目，但未详道出处。

梁志宾《风雅宋——宋朝生活图志》。作者讲到死囚、狱卒和盗贼皆簪花："簪花和杀伐，似乎难以找到它们之间的交集。深谙暴力美学的宋人，却能将它们完美地结合起来。"

这几种都是我在《以木成家，以花乐活——宋代花书记》谈到过的，该文之外，还可补充两本：

虞云国《水浒寻宋》（原《水浒乱弹》），有《一枝花》篇，对上面梁、王、魏等书都谈到的《水浒》例子，做了具体深入的分析：从刽子手"一枝花"蔡庆等人之簪花，谈宋朝这种风习，连现实中的真正强盗都以此为绰号；进而介绍宋代花卉种植和买卖之盛况、仿生假花制造业之兴旺，是水浒研究中就此探讨得最完备的。

萧耘春《苏东坡的帽子》，有《男人簪花》篇（作者此前另一本宋代民俗随笔就以此为书名),缀拾大量宋朝史料,讲了很多有趣故事,如满头好花而摇曳有度。该文所分章节,虽然没有明说,但等于将宋代男人簪花的情况分为几个问题来叙述,我替他归纳一下:人物(各种身份的例子),年龄(特别是以苏轼为代表的"年老簪花"这一宋人诗词常见题材),时令(重阳等),场合(宴集等),宋代主要簪花文献(孟元老《东京梦华录》、吴自牧《梦粱录》、周密《武林旧事》)。

以上,文抄公般对今人著作进行摘要综述,略见宋代花事,特别是簪花,又尤其是男子簪花之概观(也算是继《以木成家,以花乐活——宋代花书记》之后的又一篇"宋花·书话")。至于我自己的心得,将聚焦于宋代男子头簪的鲜花,那就花开两朵、另起一文吧。

> 2021年8月8日、农历七月初一,在酝酿一年半后正式起手;8月21日初稿,9月23日秋分"分篇"改订。

好花开满男儿头

*

大宋花事

在《大宋花事，簪花见之》的综述概观之后，我继续做"采花贼"，本文将从宋人笔下采撷一些男子簪戴的鲜花（女子簪花不录，所簪人工假花也不录），分类介绍，由这个独特的小切口，看看大宋花事的"顶上风流"。

这个话题已有不少专家论述，我希望带来点新鲜感，以前人少所采用的一个角度，众芳只取一枝：记谈具体品种的鲜花（大量泛称的"花"亦不录），牵系宋代的男子簪花作品。当然这不能算是独家之秘，扬之水的几种古代金银器大著，都有专述花果形制和纹饰，特别是《四时花信展尽黄金缕：两宋金银器类型、名称与造型、纹饰的诗意解读》一文（《新编终朝采蓝》），就按几种植物来分谈宋代酒器，专精深邃而又缤纷好看，但她的对象与我不同。贾玺增《四季花与节令物》对中国古代头饰，特别是围绕花草的应景服饰文化，以及相关花事、仪程和节令时物，做了全面精彩的介绍，其中也有按花卉种类讨论簪花，但其不限于宋，不限于男子，也不限于真花。所以在这个收窄范围的小小领域，以下所谈，大概还能算有点自己的意思。

宋代男子簪花，"被视为一种很风流的行为，经常见诸诗文"（汪圣铎《宋代社会生活研究》）。本文便尽量多举我这两年以宋为主题而直接从原籍读到的诗文；同样，佐证的材料多为宋代，力求"以宋证宋"。但难以避开从后人著作中转手读来的介绍，特别是虽已被说滥，却属重要的熟典，对此也努力谈出点个人看法。进而，精选梳理文献之余，还作一点考辨，乃至在花事之外的其他方面，略出一己之见。

牡丹

依时令，由春花说起。牡丹从唐代起成为名花，入宋后，因栽培技术的发展延续其盛，产生了海量的品种（《大宋花事，簪花见之》）。这也牵涉整个大宋花事的背景：由于社会和经济的发展，市场和城市的发达，市民生活兴盛，花卉需求大增，现实生活的消费和文艺创作的消费都呈井喷式增长，遂留下大量记述吟咏。牡丹，特别是洛阳牡丹由此完成了在花卉文化史上的崇高地位，其标志包括多部牡丹花谱，第一部是欧阳修的《洛阳牡丹记》。

该篇谈到人们赏花盛况有云："春时，城中无贵贱皆插花，虽负担者亦然。""插花"，在宋代除了表示瓶插，也指簪戴；"花"，欧阳修文中有解释，说洛阳人极推崇牡丹，对别的花卉称某某花，对牡丹则不需加前缀名字，"直曰'花'，其意谓天下真花独牡丹"。因此，他描述的是：春日洛阳人无分贫富，即使是底层挑夫都爱簪牡丹。后来，洛阳人邵伯温《邵氏闻见录》追怀家乡花事胜景，亦有可印证之记：牡丹花开时，"虽贫者亦戴花饮酒相乐"。他们说的各色人等，当然包括男子。

大宋花事

＊

宋代牡丹，除了洛阳是其栽培中心，杭州等地也盛产，同样有类似风景。任职杭州时，苏轼《吉祥寺赏牡丹》诗云："人老簪花不自羞，花应羞上老人头。"就是写自己在该寺的赏花盛会上，老来簪花（虽然他当时只有30多岁）的乐事。他另有《牡丹记叙》文具体记述，写当时对花饮酒的热闹欢乐场面："自舆台皂隶皆插花以从，观者数万人。"即不仅他自己，连手下吏仆役卒都跟从簪戴了牡丹花。苏东坡后来对吉祥寺这个牡丹胜地常常念叨，多次重游，一再抒写，离杭后还作《惜花》怀念之："吉祥寺中锦千堆，前年赏花真盛哉。……沙河塘上插花回……岂知如今双鬓摧。"该诗自注也忆述当时盛况，叹息"尔后无复继也"。又有《谢郡人田贺二生献花》，从其自注可知是收到别人致献的牡丹，乃再度作华年消逝、疏鬓簪花之叹："何当铻霜鬓，强插满头回。"

由此可见，苏轼爱自言老来簪花，也爱重牡丹。二者均不止上述诗例，但可一提的是他一首《雪后便欲与同僚寻春，一病弥月，杂花都尽，独牡丹在尔……》中有云"国色待华颠"，说牡丹花适宜簪在老人白头。关于"白发簪花"（也远不限于苏轼）的深层心态和审美意义，吴洋洋《宋代士民的"花生活"》等书有探讨，上升到生命意识的形而上高度，但未见论者谈到牡丹"国色待华颠"这一句。我想，大概是因牡丹丰满艳丽，代表富贵繁华，戴在苍老衰颓的白头霜鬓，有强烈的反差效果，能戴出一种可供

好花开满男儿头

对比、咀嚼感怀的人生况味,如梅尧臣《牡丹》诗所云:"白发强插成悲歌。"

宋人簪戴牡丹很普遍,佚名《打花鼓图》的一个杂剧伶人(有学者指出是女扮男装),头上罗帽就簪了一朵大牡丹。不过因此花的雍容华贵,更为皇室朝廷青睐。宋代喜爱牡丹的皇帝不少,如张端义《贵耳集》记:"寿皇使御前画工写曾海野喜容,带(戴)牡丹一枝。寿皇命徐本中作赞云:'一枝国艳,两鬓东风。'寿皇大喜。"——宋孝宗让人画宠臣曾觌的肖像,为其簪戴牡丹及旁人得体赞词而欢心。蔡絛《铁围山丛谈》记:"神宗尝幸金明池,是日洛阳适进姚黄一朵,花面盈尺有二寸,遂却宫花不御,乃独簪姚黄以归。"——姚黄是洛阳牡丹名种,这进贡的还是直径达一尺多的硕大花儿,故连宋神宗都要放弃宫花即人工假花而簪戴它了。

最突出的是宋真宗,他有几个宫廷宴席间赐臣子簪戴牡丹的典故。王辟之《渑水燕谈录》载,有次宴会上"出牡丹百余盘,千叶者才十余朵,所赐止亲王、宰臣,真宗顾(晁)文元及钱文僖,各赐一朵。……故事,惟亲王、宰臣即中使为插花,余皆自戴。上忽顾公,令内侍为戴花,观者荣之"。这是讲真宗宫宴赏赐的牡丹,只有十来朵是珍贵的复瓣("叶"即花瓣),除了亲王等,便赐给晁迥、钱惟演;另按制度惯例,这种皇帝赐花,只有亲王等才由内侍中使为其簪戴,别的官员是自己戴的,而真宗让晁迥也享受了这一荣誉待遇。王素《王文正公遗事》记其父亲、宰相王旦的事迹,则更进一步:真宗在宴会时到后花园,"步于槛中,自剪牡丹两朵,召公亲戴"。皇帝亲自去剪,亲手为王戴上,自然更成为同僚羡慕的荣耀。再进一步,吴曾《能改斋漫录》记,真宗宣陈尧叟、马知节赐宴,"真宗与二公,皆戴牡丹而行。续有旨,令陈尽去所戴者,召近御座,真宗亲取头上一朵为陈簪之"。这回是真宗将自己头上的那朵摘下为陈尧叟戴上,属至高无上的殊荣,怪不得陈兴奋得"拜舞"而谢。出宫时那朵牡丹有一瓣被风吹落,他都急呼侍从拾起、放在袖里带走,因是来自皇帝的特别恩宠,一片都"不可弃"。——抄到这里,我忽然有点不好的联想,仿佛看到宋真宗以花御人、让臣子死心塌地的权术,以及臣子那种感恩戴德到沾过皇帝光的些微物事都珍而重之的卑微嘴脸。但愿我是小人之心想多了,只当作宋真宗对牡丹、对那些人是真心喜爱的花间故事就好。

牡丹在唐代就已是皇家宠爱的"国色天香",姜夔《虞美人·赋牡丹》有咏及:"娉娉袅袅教谁惜,空压纱巾侧。沉香亭北又青苔,唯有当时蝴蝶自飞来。"按杜子庄选注《姜白石诗词》所释:该词是用唐玄宗和杨贵妃在沉香亭赏牡丹的胜事,作今昔盛衰之叹;"娉娉袅袅",明写牡丹,实写贵妃;"纱巾",指玄宗,该句是表达堂堂天子不能挽救心爱美人的悲恨之情。这都确当,不过其释具体词意为"(贵妃)徒然地靠近纱帽(天子)的旁边",则似有可议,"压"字可解"迫近",但在此应理解为丰腴的牡丹戴在帽上沉甸甸的样子,这当然是比拟贵妃,但字面上描绘的乃玄宗簪花之状,比实写要更传神,以姜夔的蕴藉风格,这应是其本意。此乃唐人事,但由宋人写来,录之以见牡丹热潮的延续、和男子簪花的上溯。

芍药

芍药的历史和名声比牡丹早,花型和花期与牡丹相近却又稍逊、稍迟;唐人让牡丹成为朝野狂热的国民花卉,而宋人则将芍药"开发"出来,重新推上显赫地位,并形成与洛阳牡丹齐名的栽培中心——扬州。苏轼曾在扬州任职,为减省基层负担而废除了仿效洛阳兴办的芍药万花会,不过这无损于"扬州芍药为天下冠"(《仇池笔记》),因之还产生了王观《扬州芍药谱》等专著。该书谈到一个现象:"扬之人与西洛(洛阳)不异,无贵贱皆喜戴花。"另卢祖皋《水龙吟》也将两地对说,上阕写"念洛阳人去",下阕云"扬州春梦","向樽前笑折,一枝红玉,帽檐斜戴",即男子簪戴扬州芍药(原作虽未点出花名,但陈景沂《全芳备祖》将该词收入"芍药"部)。

这方面，有一个"四相簪花"的故事流传很广，常见于后人绘画、今人著述，即使在宋代当时亦然；我爬梳了一下，有十多种宋人著作记载过。相关史料，萧耘春《苏东坡的帽子·男人簪花》，以及胡道静《梦溪笔谈校证》、刘永翔《清波杂志校注》做了初步梳理；在此基础上，我再拓展搜集、综述和考辨如下：

扬州芍药有一个珍稀品种，花色紫红而花瓣边缘是一圈黄色（或说花中间有条黄带，又或说有一圈黄蕊），像是高官大臣腰间的金带，因此人们称为"金腰带""金带围""金缠腰"等，并附会说此花难得一开时，当地就会出宰相。韩琦主政扬州（他有长诗极力推崇扬州芍药，认为要胜过洛阳牡丹），这种芍药一下子开了四朵，他选了王安石等两人一起赏花，刚好另有个名士来做客（各书对这最后一位的名字和参与过程，也像对花型、花名一样有不同说法），于是共聚欢宴、分别簪戴，后来四人果然都做了宰相。对此过程的记载，刘攽《芍药谱》谓他们是"折花插赏"，陈师道《后山谈丛》则谓"酒半折花，歌以插之"；而沈括《梦溪笔谈·补笔谈》所叙最为明确："剪四花，四客各簪一枝。"

不过，另《墨客挥犀》所记，对比上述却无此芍药为吉兆之说，更没有写簪花，只叙四人"同赏"，后皆登相位；但就应属最早提出"盖花瑞也"。（该书作者存争议，有说为彭乘；该则内容据学者考订是出自已佚的陈正敏《遯斋闲览》，也有学者认为该书多掇辑《梦溪笔谈》。)再就是苏象先《丞相魏公谭训》,虽成书于《梦溪笔谈》之后,然记录其祖父苏颂常对人谈起,后来他也曾听扬州人说的内容与《墨客挥犀》相似,甚至连"花瑞"之谓都没有。按:苏颂曾得韩琦赏识,也当过扬州太守,后亦拜相,又恰巧与韩同一封号而都被尊称为"魏公",还对植物有严谨科学的认识(主编《本草图经》等)。我认为,这两个质朴的版本,书虽后出而故事应属本来面目,即不是先有此芍药的神奇说法,韩琦等"赏之以应四花之瑞"(《梦溪笔谈》);只是恰巧他们后皆官至宰辅,才被倒推回去视为"花瑞"。当然,刘攽、沈括也是韩琦同时而稍后的人,都有扬州经历,都直接交往过那四人中的王安石,分别为著名史学家和科学家,按说可以信赖,但他们的文本,那种绘声绘色的现场感,却更像是在口口相传中逐渐建立起和丰富了簪花的情节,最终固定形成"四相簪花"的祥瑞传说。

此事还牵涉一个典故,如陆佃《埤雅》云:"今群芳中牡丹品第一,芍药品第二,故世谓牡丹为花王,芍药为花相。"牡丹花王之说是从唐代开始的,芍药花相则出于宋人的推许(又如杨万里《多稼亭前两槛芍药红白对开二百朵》的"好为花王作花相"),所谓簪戴那吉祥芍药便能当宰相,应有此背景;或者说,韩琦故事坐实了芍药为花相之名。

记述、转述此事的宋人著作,还有孙宗鉴《东皋杂录》、祝穆《方舆胜览》与《古今事文类聚》、王象之《舆地纪胜》、陈景沂《全芳备祖》、胡仔《苕溪渔隐丛话》等,特别是有两本书所谈的后续值得说说。

一是蔡京儿子蔡絛《铁围山丛谈》记其父当扬州太守,"金腰带一枝又出,则鲁公簪之,而鲁公亦位极",即蔡京仿效前人簪此花讨吉利(按:可见"四相簪花"的最初细节虽如上述是存疑的,但已定型为"簪是花者位必至宰相"的风俗,从而成为一种"传说事实"),后来真就位极人臣当上宰相;不久蔡京的弟弟蔡卞也在做扬州太守时(按:蔡絛把父、叔知扬州的顺序记反了,应是蔡京接替蔡卞),金腰带再开,人们都恭喜他,不过那朵花开得不够完整,蔡卞"为之怅然,亦簪而赏之焉",还是照样簪戴,后来也升上高位,但离宰相就差了一步。蔡絛因而谓:"噫,一花之异,有曲折与人合,乃若造物戏人乎。"

二是周煇《清波杂志》,转引《后山谈丛》的记载后说,他问过扬州的老人,都不知道有这种"金带围","岂花与人物亦相为荣悴乎"?意思是:名花与名人是有共荣共损之神秘联系的,那独特的芍药花,随着涌现出么多杰出人物的盛世而一并消弭,以至于当地人后来都不清楚了。按:韩琦、王安石等生于北宋前期的风云年代,而周煇生于北宋灭亡前夕,成长于靖康丧乱、宋室南渡的半壁江山中,他常怀故国之痛,由这一句议论,也可见出其追怀前朝盛代的感喟。这种因花事而流露的家国与时代之叹,比蔡絛着眼于家族官位,是更深沉而高出一个层次的。(南宋人常这样以扬州芍药作为黍离之悲的意象,如姜夔《扬州慢》等。)

再录两则余韵。范成大《三月二日北门马上》诗云:"新街如拭过鸣驺,芍药酴醿竞满头。"这是写贵人出游的车队,当中簪戴芍药、酴醿的自然也有男子;而其主题是讲成都的"风物似扬州",可见著名的扬州芍药,以及簪此花习俗(包括那"传说事实")之流风所及、风流影响。陈无已《减字木兰花》词云:"娉娉袅袅,芍药梢头红样小……莫莫休休,白发簪花我自羞。"这是对着舞女小姬的心情,与上节讲的、以苏轼为代表的白发簪牡丹而"不自羞",恰成对比。这个问题后面讲菊花时还会谈及。

蔷薇·酴醿·月季

牡丹开后是芍药,芍药相接有蔷薇、酴醿和月季。多记宋代官方簪花礼仪细节的吴自牧《梦粱录》,叙及"春光将暮,百花盛开"之乐时,以上五种都在列。而后三者是同科同属同花期的同类,在古代甚至曾被混称,因此放在一起讲。

蔷薇可与牡丹、芍药并称,杨万里《德寿宫庆寿口号十篇·其三》写皇家盛典、人人簪花:"牡丹芍药蔷薇朵,都向千官帽上开。"小家碧玉的蔷薇,与大气磅礴、风华绰约的牡丹、芍药并列成满头春色。不过,该诗背景是"君王元日领春回"的新年时节,因而这三种暮春花卉应为虚写(但不一定是假花,也可视为文学手法);实际上,蔷薇的主要形象是以娇弱而动人,比起华贵盛大的场面,它更宜于、更令人印象深刻的,是以下这种岑寂忧伤的情调。

说的是周邦彦《六丑·蔷薇谢后作》,写"光阴虚掷"、风雨摧花、旧情远逝的惆怅,那份"别情无极"的"叹息",落实到一个对比的意象:"残英小、强簪巾帻,终不似、一朵钗头颤袅,向人欹侧。"他拾起一朵凋残的小小蔷薇,勉强簪于头巾,默默感慨这光景是无法与插在美人头上相比了。此或属想象:这落花,如果是还盛开时戴在她的鬓边,该有多好……或为回忆:昔年蔷薇花开,她曾簪于钗旁,颤颤袅袅的情形(再进而想到是因她的走动和欢笑而花枝乱颤的昔年画面),如今只剩自己独对残花,只有自己插上,从中仿佛可以回味感受她的"遗香泽"……春光与时光,变幻了从前的花、人、簪,与眼前的一切,如电影镜头般切换,写得巧妙,是因用情深挚。"多情为谁追惜",缠绵落寞,意蕴无穷,令人低徊。历来人们对此词的赞语甚多,只取夏承焘、盛弢青选注《唐宋词选》的一句直白评说就好:"伤春怀人,一齐都到。"

酴醾,如前引范成大说的,也可与芍药"竞满头"。这是如蔷薇一样柔弱攀缘的植物,杨万里咏酴醾诸诗,常将它绕生于松树的样子比喻作簪花,如"走上松梢绕却他,为他满插一头花"(《入上饶界道中野酴醾盛开二首·其二》),"双松树子碧团栾,红锦缠头白锦冠"(《东园墙隅双松可爱,栽酴醾、金沙以绕其上》)。但他也写过真人男子簪此花,《寄题俞叔奇国博郎中园亭二十六咏·酴醾洞》云:"先生醉帽堆香雪,知自酴醾洞里还。"萧翠霞《南宋四大家咏花诗研究》谈这首诗时说,杨万里帽子上堆满酴醾花的这个花痴形象,"一派可爱的酣狂,简直不输他的好友陆放翁"。作者没有点明这话具体指什么,但陆游爱醉中簪花,其中就确有酴醾,他的《对酒戏作二首·其二》,自道载酒泛舟之乐,便是由此入手:"乱插酴醾压帽偏,鹅黄酒色映鱶船。"以满头乱花的特写开篇,先声夺人,然后才将镜头推移到酒和船,如此花色醉态中,引出结句"顿觉情怀似少年",遂见自然而然的翩然欣欣——簪花不仅让人(如前面所举那样)自怜时移情迁、身老心羞,也可以唤回闲适无忧的年轻印象,哪怕是酴醾这样的"残春"小花。

酴醾又称荼蘼,王淇《春暮游小园》谓:"开到荼蘼花事了。"但其实它和蔷薇、月季等花事,都由春入夏而未断,月季更是因花期长到几乎能月月开花而得名,所谓"花亘四时,月一披秀,寒暑不改,似固常守"(宋祁《益部方物略记》。该书据说是最早记载"月季花"之名的),不过人们一般仍视其为春花(宋人常以长春、常春等名咏之),苏轼于想象中簪戴过,就是在冬季想象春天。

话说东坡晚年,与弟弟苏辙皆被贬后再贬,一到海南儋州,一到隔海相望的广东雷州。苏辙有《所寓堂后月季再生与远同赋》,记他来到"天涯远"的此地,在陋居见到一丛月季,本来"开花不遗月"("月一披秀",每月都能开花),但惨遭砍伐;然而秋后又再重生,令其有感,结尾想到来年:"及春见开敷,三嗅何忍折。"苏轼收到该诗后和之,作《次韵子由月季花再生》(孔凡礼《苏轼年谱》据诗中的描写,将之系为苏氏兄弟被贬儋、雷的那年年底农历十一月),里面同样以月季的顽强和造物的天命,而寄寓两人虽处绝境但终将否极泰来的乐观情怀,结句寄望来春万木萌动花再开,可得簪花之趣:"聊将玉蕊新,插向纶巾折。"——这是从季候和人生的双重意义上作达观的展望。

此诗还有一个题外话,是苏轼自注:"世谓此玫瑰花也。"我们现在流行的玫瑰,已非古代最初得名时的野玫瑰,而实为月季的栽培变种。苏东坡留下这则花卉名称史料,反映宋朝人已将月季称为玫瑰了。

红槿花·凤尾花

上面谈的月季,可算苏轼兄弟的南来花事,接着再谈两种岭南特色花卉。

好花开满男儿头

红槿花,即朱槿,早载于晋嵇含《南方草木状》,到唐代已是备受瞩目的南方代表植物,尤其在李德裕、李绅等人被贬入粤的诗中,是触目的意象。簪花方面,王谠《唐语林》引用唐人南卓《羯鼓录》一则逸事,说小名"花奴"的亲王美男李琎,"每随游幸,常戴砑绢帽打曲,上(明皇)摘红槿花一朵,置于帽上筓处,二物皆极滑,久之方安。遂奏《舞山香》一曲,而花不坠",令唐玄宗大喜——画面很美,但红槿一般生长于热带或亚热带,按理说不可能在首都长安被从枝头摘下,也许唐明皇当时是"游幸"到南方吧。

李昉等《太平广记》的"乐"部也收录了这个故事,另"草木"部有红槿花,所引佚名《岭南异物志》指明此花出于岭南(按:原著已佚,该条仅见于此处),同时还载南海朱槿、岭表朱槿、那提槿花、佛桑花,都是南方同一植物而不同出处的各种异名。

此事屡见于宋人笔下,如范成大《晚春二首·其二》:"更烦红槿帽,促拍打山香。"周汝昌《范成大诗选》在注释中认为,该诗作于桂林,是因当地舞者帽上簪红槿花而让范想起那个典故。这是解释得通的,是要在广西这样的南方,才更显红槿簪戴的地方风情。

又如苏轼《李公择过高邮……忆与仆去岁会于彭门折花馈

笋故事……》,以此开头:"汝阳真天人(指封为汝阳王的李琏),绢帽著红槿。"按:诗题中的"去岁"事,是指其《送笋、芍药与公择二首》,那组诗写到他采折芍药花送予李公择,让李给小妾戴上:"还将一枝春,插向两髻丫。"因是女子簪花而非男子,我前面谈芍药时没有引用;但这回写的是男子簪花故事,面对同一友人,苏轼均以簪花引出交情与心事——他和李公择都因反对王安石新法而被外放,常有来往唱酬,诗中一再道寂寞、心灰、余恨、如幻的情绪。

簪凤尾花,出自《萍洲可谈》。作者朱彧曾随父游宦广州,父子都与南贬北归的苏轼相会过,该书遂多录此地、此人事。涉及前者有一则,写其父朱服执掌广州时,按当地习俗正月游蒲涧(按:在城郊白云山),"见游人簪凤尾花,作口号,中一联云:'孤臣正泣龙须草,游子空簪凤尾花。'盖以被遇先朝,自伤流落。后监司互论,乃指此句以为罪,其诬注云:'契勘正月十二日,哲宗皇帝已大详(按:指去世两周年的祭礼),岂是孤臣正泣之时。'鞫狱竟无他意,谗口可畏如此,既不得笑又不得哭"。

这条笔记信息量很大。首先所谈的两种花草,因属当时偏远的粤地,又非知名植物,而少见于宋代记载。龙须草,尚可查得李昉《太平御览》有录;凤尾花,则遍翻宋人涉植物著作未能找到(名字相近的,仅见苏颂《本草图经》记贯众"又名凤尾草",

好花开满男儿头

※

但说它产于岭北乃至西北,"而少有花者",这就不是广州人用来簪戴的花了)。网上查到现代也有凤尾花,然无法确认这后出之物即是宋代的那种。这且不管,只知道当时南粤有此古俗就好:新年山涧,游人(自然包括男人)簪花,一派春光。

重点可延伸开去谈的是,朱服因咏此花草而被诬告,后遭贬职(还加上被指与苏轼兄弟交往唱和,其实他本与苏辙对立交恶,只不过在广州"与东坡邂逅,各出诗文相示",即保留了一点文人的互重,亦成罪状),让我想起苏东坡的相似遭遇。

苏轼平生经历了多次文字狱,在广为人知的两个重大打击——被贬黄州和被贬惠、儋之间,他一度得志在京身居高位,其实也遭逢过一系列攻击,比较有名的,是因一首旧诗《归宜兴,留题竹西寺三首·其三》:"此生已觉都无事,今岁仍逢大有年。山寺归来闻好语,野花啼鸟亦欣然。"被人挖出来弹劾,指他对宋神宗的死讯视为"闻好语"而"欣然",乃大逆不道。苏轼上《辨题诗札子》辩解:神宗去世是在农历三月,自己已经致哀;而该诗写于五月,是因在扬州竹西寺听到父老赞美新继位的哲宗:"见说好个少年官家",所谓"闻好语"实指此;另外,自己当时请求辞官归耕常州宜兴获准,那一带正是丰收,故生"大有年"之喜。因诗意明确,解释得宜,对方毁谤的水平太低,加上苏辙等同为辩护而过关,但结合其他类似事件,令苏轼心灰意冷求去,遂与诬告的对方一起,又一次外放出京。

关于此事的细节与大背景,这里不深入展开。只联系《萍洲可谈》来看:东坡的"山寺归来闻好语,野花啼鸟亦欣然",与朱服的"孤臣正泣龙须草,游子空簪凤尾花",皆本属人畜无害的悠闲题材、游玩所作的花鸟诗,却都因与皇帝去世有关而遭举报,一个被说是神宗刚死,苏轼你居然欣幸自庆;一个被说是哲宗死后两周年都过了,即新皇帝宋徽宗坐稳皇位,天下欣欣向荣了,朱服你还哭什么哭。——真是让人哭笑不得。

可见当一切都上升且与重大事件联系,"谗口可畏"时,则哪怕是喜喜忧忧的一些小情绪,皆动辄得咎。因为能得归耕,而又丰收年景,对花色鸟鸣起了一份寻常的愉悦,那不行;因为不受重用,远放岭南,有了点"自伤流落"的低落,那也不行。更惊悚的是,对多年前的片言只语,对不一定需要明确的"好语"(山水花鸟本也是大自然的佳音),作者都得从非文学的角度,落实到具体现实出处而做自辨。苏轼在早前更凶险的乌台诗案中,亦曾被迫解释大量旧作,交代当中讥讽朝政之处。这样的以言获罪、作品批斗,此前同样落在苏轼一派的对立者身上(对方比东坡更早因此被贬岭南),即风潮一启,无人可免。共时性如此,历时性亦然,太阳底下无新事,历史总会循环往复(后来也出现过清朝文字狱),可深叹焉。

好花开满男儿头

＊

菊花·茱萸

凤尾花是新春粤人所簪,红槿(及木槿)虽然花期很长,但一般视为夏花,前述的牡丹、芍药、蔷薇、酴醾、月季则是由春入夏,接下来该谈谈秋之菊花。第一部菊花专著、刘蒙《菊谱》谓:"凡花皆以春盛……而菊独以秋花悦茂于风霜摇落之时。"而范成大的《菊谱》,不仅记人们在秋天"以菊为时花",更指出这是"重九节物"。

不过,最初的重阳节俗植物排首位的是茱萸,人们簪戴的亦为此物,以辟邪避祸;菊花只用于制酒,饮之以延年益寿,见汉刘歆和东晋葛洪撰集的《西京杂记》等。特别是西晋周处《风土记》记重九簪花:"折茱萸房以插头,言辟除恶气而御初寒。"但据南北朝梁吴均《续齐谐记》,汉代"作绛囊盛茱萸"来佩戴的是妇人,则插头的可能也只属女子。按照陈元靓《岁时广记》、史铸《百菊集谱》分别搜集的历代至宋典故诗文,男子簪戴风尚应是从唐朝开始:茱萸,有李白诗"九日茱萸熟,插鬓伤早白"。还有王维名句"遍插茱萸少一人",是指兄弟簪插。菊花,杜牧有"尘世难逢开口笑,菊花须插满头归",又有"九日黄花插满头"。

簪戴茱萸在宋代的重阳作品中仍多见,如宋祁《九日置酒》:"白头太守真愚甚,满插茱萸望辟邪。"苏洞《和岩壑兄九日》:"华颠可笑插茱萸。"不过,还常见把茱萸与菊花并簪,如曹冠

《蓦山溪·九日》："簪嫩菊，插红萸。"朱熹《水调歌头·隐括杜牧之齐山诗》："况有紫萸黄菊，堪插满头归。"（由这个簪花意象可看到，身为理学家的朱子的这首词之豪迈乃至放逸，遂获得清人陈廷焯《白雨斋词话》评为"固知不是腐儒"。）进而，我发现南宋末的两人诗文特别值得品味，仇远《九日客中》的"满头插菊把茱萸"，是一个有象征意味的画面：簪戴的是菊花，茱萸已从头上转到手上来观赏。周密《武林旧事》的重九纪事："都人是月饮新酒，泛萸簪菊。""泛萸"指将茱萸浮于酒面饮之，对照《西京杂记》等载汉人"佩茱萸，饮菊花酒"，则经过不断演化，这两种植物的节俗用途倒过来了。

虽然旧俗传统不可能一下子全部断绝，但总的来说，宋人重阳更普遍的簪花已由茱萸转为菊花。《四季花与节令物》和《宋代士民的"花生活"》分别谈到原因，前者谓是随着生活改善，宋人节俗心态改变，由前人强调的当下消灾变为祈求未来的长生，故"延寿客"菊花的地位盖过"辟邪翁"茱萸。后者则提到是因菊花的视觉效果比茱萸好。我看还可以再深入一点：菊花的功能，从早期制酒等食用药用逐渐增加了观赏价值，尤其入宋后技术进步而栽培品种更多，花色、花型大大优于茱萸，在注重审美的宋代，自然比茱萸更流行。缘此，男子簪菊的吟咏也很多，只选些略谈。

好花开满男儿头

※

陈著《次韵徐何慊九日登高》:"满头芬馥随归马,惟有黄花不世情。"诗不错,因之还可记一个典故:黄花,在古诗词中往往专指菊花,史正志《菊谱》说:"菊草属也,以黄为正,所以概称'黄花'。"

顾禧《九日登浮屠》:"却羡东篱陶处士,菊花犹插碧纱巾。"这是把原本只采菊、赏菊、食菊、饮菊花酒的陶潜,也想象成簪菊,给陶渊明虚构了一分风流潇洒。

晏几道的《阮郎归》,则是另一种风流落拓:"兰佩紫,菊簪黄,殷勤理旧狂。欲将沉醉换悲凉,清歌莫断肠。"这是小晏公子经历坎坷后的重阳客居之作,表达其因痴狂性格而与世不合、身世萧条,带来的沉醉悲凉感慨;他对那份"旧狂"却不肯悔改,还要自赏般殷勤理会,陪伴他这份高傲的,有鬓边菊花。

苏轼与好友王巩来往,常言及菊事,除了我在《岁时花事》之"重阳篇"所举例,还有一首《答王巩》详写簪菊具体情形:"子有千瓶酒,我有万株菊。任子满头插,团团见花不见目。醉中插花归,花重压折轴。"这个头上菊花多到遮住了眼睛,压断了帽轴的细节,很生动。此诗是苏轼因乌台诗案获罪前一年,在徐州约王巩来共度重阳的戏谑之作。同一时期的《与顿起、孙勉泛舟,探韵得末字》也写道:"西风迫吹帽,金菊乱如沸。"均见轻快心境。

他后来被贬黄州,有首《失题》则云:"清霜未落黄花在,笑折高枝绕鬓簪。"可见在寥落困境中依然豁达自如。再之后重获起用,知杭州时,又有《次韵苏伯固主簿重九》云:"髻重不嫌黄菊满,手香新喜绿橙搓。"无论仕途起落,一以贯之的头上菊花、心底安然。

苏东坡另有一首《定风波·重阳》,与前面朱熹《水调歌头》都是"括杜牧之诗",即把杜牧名作《九日齐安登高》的内容重组改写,有云:"尘世难逢开口笑,年少,菊花须插满头归。"在杜牧那两个常被宋人直接借用的句子中间,插入"年少",尤见洒然风采。

另一方面,苏轼也写过大量年老簪花诗,除了牡丹一节已谈到的和非特定花卉,菊花方面,有《千秋岁·徐州重阳作》:"美人怜我老,玉手簪金菊。"该词与前举二诗均在徐州所作,这样的美人替簪,固属旖旎而自得,但后面写:"明年人纵健,此会应难复。"虽是袭用杜甫重阳诗典而做古人常态的时光之感,然在此可谓一语成谶:次年重阳,他是被囚于乌台狱中的。这样再看那簪菊的"怜我老",便觉花外的苍凉。

这类"白发簪花",在宋代成为一个固定意象,如前述,牡丹、芍药、茱萸等都有不少人写过,而菊花尤其多。我想是因秋日与白头分属季节与人生的萧索时节,金黄的菊花遂既是对比的凄然，又是暖色的安抚，故为人爱戴。

这两种情味，类似于前面谈过的陈无已芍药"我自羞"与苏轼牡丹"不自羞"。另罗大经《鹤林玉露》记有人写重九诗："牢裹乌纱莫吹却，免教白发见黄花。"有和诗曰："要摘金英满头插，明朝还是过时花。"萧耘春《苏东坡的帽子·男人簪花》将此释为一者是自怜，一者是豁达。按照这类二分法，以下选记几例。

秦观《秋兴九首》："欲歌金缕羞红粉，拟插黄花避白头。"韩元吉《鹧鸪天·九月双溪楼》："不惜黄花插满头，花应却为老人羞。"这便是对花自惭老态的一面了。

另一面，则是爱写这一题材的黄庭坚，以白发簪菊而自负豪情。《定风波》云："莫笑老翁犹气岸，君看，几人黄菊上华颠。"颇显傲岸豪气。《鹧鸪天》云："风前横笛斜吹雨，醉里簪花倒著冠。……黄花白发相牵挽，付与旁人冷眼看。"更是只管自娱，不理俗人冷眼，黄宝华选注《黄庭坚选集》就此谓："此写山谷超然达观，情老弥健。"

这份豪雄气概，如果出自武夫就更贴切。最后要谈的重阳白发簪菊一个特别例子，就是这样的非文人所作，只可惜内里却是龌龊机心。

说的是《水浒传》第七十一回，"梁山泊英雄排座次"，众好汉聚义开新天；重阳节近，宋江大摆筵席，"会众兄弟同赏菊花，唤做菊花之会"——前面进行过种种政治军事的宏大仪式,然后忽转到这么一个文艺酒宴,真有花枝横生之趣,却是出自宋江的心计。他即席作《满江红》一首,云:"头上尽教添白发,鬓边不可无黄菊。"畅言欢度佳节、兄弟同心之情;接着展望保民安国的壮志前景,结句却道出:"望天王降诏,早招安,心方足。"——这是借醉赋词而抛出为梁山设定的未来方向、终极目标。兹事体大,且明知与群雄的初衷不一致,所以不能在正式场合来谈,而要安排这个与强盗窝画风不搭调的菊花会,试探众人心意。果然,武松、李逵、鲁智深当场怒言反对招安,宋江主政的新方针一开始就出现严重路线分歧。只可怜了菊花,特别是宋江要在白发鬓边簪的黄菊,成了这场阴谋与热血冲突的背景点缀。

梅花

宋代男子簪花,还有其他品种,比如山茶,苏洞《见三山翁插山茶花一朵二首》云:"人老簪花却自然,花红应不厌华颠。"(此可呼应上节的白发簪花。)又如杏花,王禹偁《杏花》云:"争戴满头红烂漫。"(这是回忆登榜后的景况,宋代新科进士的皇家贺宴上,有簪花之例。)再如石榴,《水浒》里有阮小五簪石榴花。

但略过这些杂花,以梅花收结本文,不仅是因按时令顺序来到冬花(及由冬入春),更因为梅花在宋代的崇高地位值得用来

好花开满男儿头

*

压轴。

宋之前的唐朝,"国花"是牡丹,北宋后期起,特别是进入南宋后这一荣誉转为梅花,因其真正能体现宋人,特别是文人士大夫的审美趣味与人格追求。这个转变牵涉两个朝代时势、国运和人心、风气的变化,反映了"唐宋文化转型",可参见王莹《唐宋国花与中国文化》。简言之:牡丹的特色是华美、富丽、饱满、丰盈、雍容、恣肆、热烈、豪放,唐周昉《簪花仕女图》那些高贵丰腴的仕女,第一位就是头戴硕大盛艳的牡丹,尽显唐朝盛世的端庄大气、蓬勃繁华。而梅花的特性相反,是含蓄、优雅、幽冷、暗香、清净、高洁、淡泊、疏瘦,宋人赞赏它独对风雪、凌寒先开等风骨韵格,大量吟咏,喻之为君子气节,视之为理想品格,遂使梅花压过了牡丹成为宋人的最爱,还上升为精神象征、道德图腾,令梅花从此在国人心目中居百花的至尊首席。

然则,即使簪花之道,梅花也广受宋人青睐。我在《岁时花事》之"春节篇"曾举过苏轼、陆游、范成大等例子,可惜东坡那两首写的是女子簪梅,但经常自簪梅花的陆游,则还可多引一首,《村饮二首·其二》云:"醉插江梅老更宜……应爱此花无厌时。"

这样通过簪戴来表达对梅花的爱,更极端的是王公炜的《梅花》,该诗前面赞梅之"瘦影""孤根""第一春"等,最后结尾:

"绝是精神吟不尽,好枝和月插纱巾。"他是说:梅花的好处数不尽,唯有连同月色一起簪在头上,才能遂爱惜之愿。这就像恋爱中的心情:你太好了,好到我不知如何是好,唯有要你来和我长久相伴吧——让人会心一笑。

梅花的好,簪梅之美,是连保守主义者都为之动容的。司马光为人刚正,"性不喜华靡",在中进士后的皇帝赏赐酒宴上都不愿循例簪花。但他也写过《和吴省副梅花半开招凭由张司封饮》:"从车贮酒传呼出,侧弁簪花倒载回。"对同僚朋友的簪梅之态不无欣赏。

史铸《百菊集谱》收了自己一组集前人句咏菊诗,其中有邵尧夫的"插了满头仍渍酒"。但我一查,原作其实是咏梅,出自邵雍《同诸友城南张园赏梅十首·其一》,这组诗的其四还道:"攀条时拣繁枝折,不插满头孤(辜负)此心。"其五又云:"归插梅花登小车。"——邵是究天人之际的道学家,但也是位有生活情趣的隐士,故能如此极写自己簪梅的"风情"。

司马光和邵雍都久居洛阳,前面牡丹一节谈到的邵伯温是邵雍的儿子。洛阳后来还出了位名人朱敦儒,其《鹧鸪天》云:"我是清都山水郎,天教分付与疏狂。……玉楼金阙慵归去,且插梅花醉洛阳。"许兴宝《宋词的文学质性研究》指出,朱"且插梅花醉洛阳","而未着(洛阳名花)牡丹,深刻地表现了词人不与世俗同流的清高之气"。

与朱敦儒同为南宋主战派的张镃,则以簪梅展示另一种狂态,作为梦想北伐、收复故土的壮怀激越形象,《千叶黄梅歌呈王梦得张以道》谓:"吾曹耻作儿女愁,何如且插花满头。"

簪梅之疏狂,到了南宋遗民陈纪,则有《和赵华颠梅花》:"起舞簪花老尚狂,梅花应记旧高阳。""高阳",指狂生郦食其自称高阳酒徒,而用来比喻放荡不羁;郦是在秦末乱世辅助刘邦兴汉大业的谋士,他与梅花似乎没什么典故,陈纪此诗,恐怕更深一层意思是借此暗喻兴复故土的建功立业之心,然而世事无可为,他只能在宋亡后不仕,退隐家乡东莞,以簪梅聊发老狂了。梅花,在很多宋人笔下,在陈的其他诗词中,都是逸民身份的象征。

老人簪花这个前面一再谈到的话题,在梅花诗词中也常见,如舒亶《醉花阴·越州席上官妓献梅花》:"拟插一枝归,只恐风流,羞上潘郎鬓。"葛立方《满庭芳·簪梅》:"吾年,今老矣,佳人薄相,笑插林巾。"李廌《菩萨蛮·双松庵月下赏梅》:"尊前簪素发,自拥繁枝折。疑是在瑶台,宝灯携手来。"

上述三首词中出现了男子簪梅身边或献花、或戏笑、或携手的佳人,此外还有不少作品反映男女对簪的情景,如欧阳修《减字木兰花》:"去年残腊,曾折梅花相对插。人面而今,空有花开无处寻。"吴感《折红梅》,写往昔"笙歌筵上"的伊人,"曾共鬓边斜插";到"别后","蓦然上心时节",唯有"怅望""故人"——都是对曾经恩爱的温柔怅忆。

"折红梅"这个词牌名,本身即属梅事,我是从黄大舆《梅苑》中读到此作的(本文完成之日购读的这本以宋代为主的梅词汇录,与范成大《梅谱》等一样,其编撰即见宋人尚梅之风)。该书所收还有好些类似的词牌,颇怀疑有的是专为写梅而创设,最绝的是应属首见于此的《鬓边华》,摆明就是记簪花,无名氏写"小梅香细艳浅","掠青鬓,开人醉眼",也是忆昔怀远的相思之作。

然而,簪梅还可以撇开这些男女情人情事,而展示另一种男儿浪漫。刘辰翁《汉宫春·岁尽得巽吾寄溪南梅相忆韵》云:"有几情人似我,漫骑牛卧笛,乱插繁枝。"这独立潇洒的出尘之态,乃男子簪花最美的描写之一,尤其今年是牛年,实可作为年度画面。

我赞赏的独特而曼妙的男子簪梅形象还有一个,即杨万里《梅花下遇小雨》:"仰头欲折一枝斜,自插白鬓明乌纱。旁人劝我不用许,道我满头都是花。"如此落花满头如簪花,比起他"鬓边插得梅花满"(《小醉折梅》)的那类常态,可谓别出心裁的非簪之簪。

这情形就像此文,雨乱洒、花散漫,越写越长越多:所用的时

好花开满男儿头

＊

间是这样（起念已有一年半了），所费的篇幅亦然（且还要一分为二，原计划是一篇《大宋花事好，男儿头上簪》，现析为《大宋花事，簪花见之》与此文）。最后只好像杨诚斋一样自笑：那些缤纷繁艳，本来只想折一枝簪戴，却招来满头都是花也。

2021年8月22日中元节正式起笔，是日一本案头日历所用画，恰为钟馗头簪牡丹图；9月23日秋分"分篇"；9月29日，探访本邑簪花路后完稿。——此路在簪花岭村，村依簪花岭而建，遂得名，至于岭名最初有怎样美妙的故事来历，已不可考。这里本是城郊乡下，经过几十年变迁，已由原来广植农作物的山岭田野，由附近颇有宋代文物古迹的农村，发展成市中心最核心地段的繁华社区，遍布各种楼盘、商店乃至城市地标建筑，包括我先后供职的两处单位都在近旁。平时经常走过，是日去稍微认真打量一番，看看路边花事，也从方志史料查览一下这个莞邑最美、最应景的地名，以佐本文成稿之兴。

金果结腰间，银荔生耳鬓

大宋花事

＊

扬之水为董宁文画的那幅荔枝图题词,用了蒋捷《霜天晓角》语:"须插向、鬓边斜。"这首词写的是折花、簪花,放在那簇无花之果旁,人或觉不解,我则为之暗笑:水公大概是对古代曾流行簪戴荔枝饰物一事入了心,以至录了那两句貌似不相干的宋词。

12年前,读扬之水《奢华之色——宋元明金银器研究》,我便留意到其中的记述,原来宋元人的簪钗和耳环纹样,有荔枝的专项,是簪花风流的一个独特旁枝;身为岭南人,甚惊喜于那身边习见、乡土气息、只供口腹之欲的佳果,竟在古时女子的头上、耳边摇曳,从而让人和荔枝都沾上了别样的妩媚。后来,水公的《中国古代金银首饰》,亦述及此。我在荔枝之乡编《耕读》,便请得水公授权,将二书相关内容缀合,刊于6年前的夏季卷,题目为水公授意,用文中所引元人诗句:"合欢钗头双荔支。"

如今,扬之水又新出煌煌五卷《中国金银器》,是上述两部巨著的升级扩延:时间上,比起《奢华之色》的宋元明,该书贯穿了先秦至清代;范围上,比起《中国古代金银首饰》,该书增加了器皿,从而囊括四千年间四千种器物(特别是过往不受重视的金银首饰),全面考释、定名,研究其设计、制作与使用。此乃首部中国历代金银器通史——"站在工艺美术立场认识古代遗存的金银器史",尤注重"与社会生活史密切相关的造型、纹饰、风格的演

金果结腰间,银荔生耳襞

变史"(《中国金银器》导言)。这一名物学的重大成果,论述方式是极独到的,将文献与实物和图像结合(所有器物皆为作者从各博物馆亲见目验,并附大量照片),以"为器物立传"的细实描述为主干,旁及广博的古诗文等史料,融"物"入"文"入"史"。写法上贴近古代当事人的感受("用细节构筑的情节还原"),也贴近现代普通读者,不以现代专业术语去写,但所写往往被专业机构、专家专著径自采用。这部20年心血大成之作,可谓极精深的研究、极精密的分析、极精彩的文字、极精致的图片、极精美的装帧,全书就像作者所谈那些灿烂丰富的金银器,"兼具富与丽的双重品质——是财富,又是一种艺术形态"。

李旻在其序中说,读者可根据不同元素"重新缀连,从不同角度理解"。我就以一向的兴致,专读其中的植物造型、花草纹饰,所得颇丰——因扬之水延伸做了不少花果的讨论,并解释了很多古代文艺中的植物和名物典故。最感兴趣的,仍是集中出现于宋元的金银器荔枝制品。在此依该书卷三《自一家春色》所记,但打破原按器物类型的结构,拈出不同章节内容,将这一专题按时序、沿革,重新梳理归纳一下。

宋代的金银器纹样,"所取用的多是清新俊丽并且很是生活化的物象",尤其"取意于花卉者,占了多数"。荔枝图案便在此时出现并风行(按:本文讨论仅限于书中的金银器范围,不涉及其他艺术品里的荔枝),如酒食器,江苏溧阳、福建泰宁的鎏金果盘,有瓜、桃、石榴和荔枝浮雕;如配饰,江苏常州的银荔枝盒,"荔枝是带着叶子和花朵依偎在枝头的一对"。

最突出的,一见于腰间,一见于耳鬓。

首先,"北宋时荔枝纹样多用于金带銙",即腰带上的金饰。扬之水引其时岳珂《愧郯录》记"文武服带之制",有御仙花、荔枝等。御仙花是金带銙的上等,欧阳修《归田录》记,宋太宗首创以金銙之制赐群臣,其中"御仙花以赐学士以上"。御仙花究竟是哪种植物已失考。欧阳修续云,到他所在的北宋中期,已将御仙花混同为荔枝,是"失其本号也"。但扬之水再引吴曾《能改斋漫录》,指出按南宋人的说法,"御仙花与荔枝非仅名称上的雅俗之异,而是纹样有别"。吴原文为:"侍郎直学士以上,服御仙花金带,人或误指为荔枝。近年赐带者多,匠者务为新巧,遂以御仙花枝叶稍繁,改钑荔枝,而叶极省。"书中展示了江西遂昌的荔枝纹银鎏金带具、重庆南川的荔枝纹银鎏金銙尾和安徽休宁的御仙花纹金带具,可见出"叶极省"与"枝叶稍繁"之别:"原来前者是果,后者是花。"即依照御仙花纹样改为荔枝。——水公此处,等于考辨了荔枝一个疑似异名的典实。水公还介绍江苏苏州一个独特的"二合一"金銙尾带饰:"却是御仙花与荔枝的糅合,即花下微含荔枝果。"又引宋无名氏《满庭芳》咏荔枝云:"黄

金果结腰间,银荔生耳鬓

金带,奇巧工钻。"而腰系荔枝带的现存形象,她实地见过的有山西晋城宋金彩塑等。另此风甚至影响到西夏,有宁夏银川的荔枝纹金牌带饰。

其次,是头上的首饰。湖北蕲春的凤衔瓜果金钗,凤口衔鲜桃、石榴、荔枝、甜瓜和橘子等,一长串"依次缀满柔条",那金凤"播撒的总要是世间丰足"。类似还有浙江浦江的银鎏金瓜头簪、杭州的银镀金并头瓜果簪。簪钗之外是耳环,同出湖北蕲春的金凤耳环,凤口所衔瓜果中亦见成双的荔枝。湖南常德、安徽芜湖、浙江大学、湖北蕲春几对金荔枝耳环,果叶相连,荔枝或成串或一对,扬之水说造型"也许会有绘画中的小品作为粉本或参考图式",举出南宋册页《荔枝图》对照(荔枝本是宋代画作中的常见题材,而当时金银器图式常借助于绘画)。又引宋代无名氏《南乡子·咏双荔支》词,说这里面的旖旎情思,"好教人得知鬓边隈随的一对儿竟也是两同心的呈瑞"。

在此可见宋人一种独特的风情:男子腰间所系,女子头上簪戴,到处都是金银荔枝,仿佛让这南国佳物生长、结果于士人与佳人身上,相伴垂曳,端的好景。

元代,也有腰系荔枝带的张柔墓前石像生,是直观的人物形象反映。不过,更多的是女子耳鬓厮磨之荔。本书论元式簪钗,就专门列了一项荔枝簪。

如上述,荔枝簪在宋代已出现,至元代则更大为盛行。扬之水指出,与金带銙不同,荔枝簪钗的设计构思可能另有来源,举宋蔡襄《荔枝谱》记"双髻小荔枝",这是因并蒂双头的形状而言;又一种"钗头颗",是以用途而名:"红而小,可间妇人女子簪翘之侧,故特贵之。"这是真的把新鲜荔枝戴上头了。(按一:该条另见断句为"钗头:颗红而小……"。按二,类似者此前此后多地均有,唐韩偓《荔枝三首》,写佳人对荔,进食之前,"翠钗先取一双悬",这与蔡襄所记皆为福建出产;清屈大均《香荔》,则写广东新州一种细小的荔枝,可用来"儿女簪云髻"。)这类形貌受人喜爱,特别是"并蒂双头",成为元人的设计灵感:湖南株洲的银鎏金荔枝簪首,"双果欹侧相依,枝条随风舒卷,尤见银匠锤錾下所存粉本的写生之趣"。又湖南临澧的金并头荔枝簪首,也是两颗荔枝衬以花叶。江苏江阴的金并头荔枝簪,更"特别着墨于花叶的繁茂"——水公引元康瑞《西湖竹枝词》:"合欢钗头双荔支,同心结得能几时。"说:"恰道得纹样寄寓的两情相悦之意。"这种构图还变异创新,如湖南临澧另一枚金并头荔枝簪,是四枚荔枝;河北石家庄的金并头荔枝簪首,双荔之上的叶间还有一只生动可爱的小鸟,"则温柔之乡里又添得鸟鸣嘤嘤"。此外,河北石家庄的金累丝并头荔枝桃实簪,荔、桃相衬;湖南临澧的金并头荔枝瓜实簪,湖南华容的金瓜果纹样锥顶簪,湖南株洲的银鎏金荔枝瓜

金果结腰间,银荔生耳鬓

※

实并头簪,都是瓜荔相连。

荔枝簪头,扬之水还引黄庭坚诗:"天与蹙罗装宝髻。"(蹙罗是荔枝的红衣。)则"荔枝簪的意匠乃酝酿于宋人的生活细节与歌诗随笔"——这使我想到,在金银首饰上,元代多沿宋式,荔枝簪的例子便说明,元其实又有继宋,且作可喜发展。历史千丝万缕,即使是对立的两个阶段(不管哪个阶段好坏),都不是那么容易一刀两断的。

荔枝耳环,元代同样发展出新的形式,如湖南临澧的金蝴蝶桃花荔枝图耳环、金蝶赶菊桃花荔枝图耳环。(以上,均对书中工艺等方面的详细分析从略,所引器物的表述从简。)

谈过元代,倒回去再从唐朝的角度做个侧面对比。夏天的时候,看过本邑的"大唐宝藏——法门寺地宫文物精粹特展",大饱眼福。遗憾扬之水未有前来,不过现在读《中国金银器》,已等于听水公讲解了:书中所记相关器物,比起现场的说明和法门寺博物馆的《法门寺珍宝》之描述,更具体明白。

从法门寺那些皇家礼器可以看出,唐朝金银器的纹样多异域色彩,而少写实,如我在展览所观、本书也述及的,一个精美震撼的银金花大盆,当中有源自域外的团花与石榴。这自然有它的好,但宋代的纹样更丰富,且造型装饰本土化,"金银器造型与纹样的中土化完成于宋代"。就像荔枝,如扬之水所言,在宋代已经普遍,不再像唐朝那样具珍异色彩。这应该也是荔枝多进入宋人金银器的背景。

另一宋人特色,是金银器在雅、俗两个方面的突出表现。雅之文艺,宋代金银器不但"很像宋诗的风貌,以日常化的叙事方式,采集身边的花草组成四时花信",而且常以文学和美术为蓝本设计,工匠熟悉诗词绘画,从中汲取设计灵感,制作有文人雅趣。俗之市民化,宋代金银器出自民间作坊的较多,在日常生活中的应用更普遍。荔枝器物也是这种文化繁荣与市井繁华并呈的一个体现。

但有个细节是宋代一如唐朝的,即不像后来清代艺术品那样刻意追求谐音营造的吉祥意味。今人常以"荔"与"利"等同音字讨喜,但在宋代,"石榴、荔枝和瓜之类此际尚无后世的利用谐音以为吉祥的俗趣",在金银器中"取用的尚不是吉祥寓意,而只是它(瓜)的田园趣味"——由此也可见出宋代的好。

亦见出《中国金银器》的好。上面所谈荔枝,只是本书中一个极小的例子,但已略可反映此著的精彩和价值了。

扬之水说,金银器"可谓一俗到骨。它以它的俗,传播时代风尚"。金银首饰"是物质的,也是精神的",具有"实用与装饰合一之美","作为奢侈品的日用器具进入日常生活"。而水公的研究和写作,是"力求因此而回到历史现场,复活古典的记忆"

金果结腰间,银荔生耳鬓

*

(《中国金银器》导言)。世俗的荔枝亦然,是食用实用的,也是观赏审美的,宋元人妙思巧手,更在将前者提升到后者时,达到金果男系腰、银荔女簪头的极致。这份想象力与工艺,是当代不再有的蔚然风流。扬之水重现了此灿烂风光,通过金银器物,折射出古人的艺术与时尚、生活与故事。

这是小至金银技艺、大至历史记忆的复活,亦是荔枝这种植物的复活——从此对它不仅只想到尝食,还可遥想其前身,曾穿金戴银的特殊形态。正如宋陈景沂《全芳备祖》所辑荔枝作品中、水公未引的(另书中正文误印原著名为《群芳备祖》)一些宋人记写,那种腰间金灿灿地垂结、耳鬓喜盈盈地摇曳的风致,得以活色生香地还原:

"光射腰金凌宝印"(洪驹父),"一双和叶插云鬟"(黄山谷),"钗头风露一枝香"(刘屏山)。

> 2022年10月8日寒露起笔,至10月18日寒露三候菊有黄华时撰毕。

杨柳垂青亦垂金

*

大宋花事

※

这是一个拖了太久的话题。缘起于十多年前,扬之水为拙著《书房花木》写的跋,有这么一段:

> 我曾稍稍留心过宋人的花事,因此会以为最有惜花心情的是宋人。当日抄存的卡片眼下还在手边,有时随便翻翻也觉得很有意思。比如顺手拣出的两张,一是祝穆《方舆胜览》卷六九《凤州》"土产"条下"金丝柳"一项,曰:"邵尧夫诗:杨柳垂金丝,风动如飞盖。元丰间有旨下本州,取香醑百瓶,金丝柳百根。"一是故宫博物院藏一帧宋人册页《垂柳飞絮图》,图左有宋宁宗皇后杨氏题词:"线撚依依绿,金垂袅袅黄。"而图中的几丝垂柳在一枝画笔下竟是千娇百媚。正不知由北宋而南宋,"垂金"与"金垂"一柳抑二柳。因为《书房花木》里有《再见杨柳》一篇,遂抄上这两则,以为凑趣,或一事一图中尚别有故事,则有待考索。

杨柳,我后来还写过多次,看过不少相关的艺文资料。但要到去年春天,真正开始将宋人花事作为专题来留心,买了些宋人画册,才认真欣赏了那幅《垂柳(一作"杨")飞絮图》,甚觉曼妙,想起当初水公的命题,觉得是合适机缘去探究一下当中的故

杨柳垂青亦垂金

*

事。只是俗务繁重而又文事繁复,这一考索遂如柳丝摇曳纷乱、柳絮飘忽芜杂,时日匆促,又待一春将尽,如今方可下笔,以圆旧话。

一

去年3月,确立这个题目后,往家居附近河边仔细观察一下柳树,发现以前一直忽略的:垂柳依依绿之外,真的还有袅袅黄,新叶和长成的叶子皆青黄相间,枝条、柳花(蕾)亦泛着亮眼的黄色,则因水公所言而在宋人诗词文画中留意的杨柳垂金,得到验证。

说起来,我过往仿佛得了阅读色盲症,印象中只有杨柳青青——名句如王维《阳关曲》的"客舍青青柳色新",不那么出名但亲切的如许庭《临江仙》:"春来绿尽长条……付与沈郎腰。"——但杨柳还有新春鹅黄的特色,前人对此有无数描写,都被我完全无视了。

现在则又得了孕妇效应:怀孕后会注意到好像满街都是孕妇,认识到杨柳垂金后去读书,便这里那里俯拾即是满目一片金黄,比如:

刘禹锡写过"杨柳青青江水平"(《竹枝词》),也写过"千条金缕万条丝"(《杨柳枝词》)。

大宋花事

＊

扬之水评析周邦彦词的《采蓝集》，第一首《瑞龙吟》，就有"官柳低金缕"，是"美丽的记忆迢递成旧梦"的惆怅中一个伤春意象；而水公此书的末名社刊印单行本，封面用的就是杨皇后那幅"金垂袅袅黄"的《垂柳飞絮图》。

"金缕"之外，还有以"金丝"形容的，如李贺"垂柳金丝香拂水"（《少年乐》），以上都是写柳的枝条。关于柳叶，杜安世云"黄金叶细"（《行香子》）。关于柳花，温庭筠云"绿烟金穗不胜吹"（《题柳》）。而柳永直接说整棵树是金柳："金柳摇风树树"（《破阵乐》）。避开金字而说鹅黄的，如王安石"弄日鹅黄袅袅垂"（《南浦》）。

还有些特别的例子。欧阳修《鹤冲天》："梅谢粉，柳拖金。"这个"拖"字用得很妙。雷应春《好事近》："雨外柳丝金湿。"所创"金湿"一词也很美。赵令畤的《清平乐》，我从青年时就深为触动，一直记得其结句："断送一生憔悴，只消几个黄昏。"到去年清明，凌晨梦见亡母而惊醒，怅起读关鹏飞《四时之词》中的清明宋词，收有这首，原来前面也是写金柳："春风依旧，著意隋堤柳，搓得鹅儿黄欲就，天气清明时候。"

以上都是唐、宋作品（为简洁起见，本文对这两朝作者均不标注朝代），后世这类吟咏亦很多，如明杨基《清平乐》："记取春来杨柳，风流全在轻黄。"如现代徐志摩《再别康桥》："那河畔的金柳,是夕阳中的新娘。"

当然,若仅注目于金柳,那么阅读色盲症就从一个极端走向另一个极端了,比较全面的,还是如刘禹锡《杨柳枝词》又写到的"迎得春光先到来,浅黄轻绿映楼台";陆游《柳》说的"看得浅黄成嫩绿,始知造物有全功"——青黄俱备,方为春色全功。

这是因为,垂柳除了形态,还以色彩悦人。贾公彦疏《周礼》有云:"柳者,诸色所聚。"石志鸟《中国杨柳审美文化研究》专门论述:杨柳作为早春风景最引人注目的就是色彩,刚发的嫩芽鹅黄浅绿,两者都是活泼的颜色,绿色令人清新、愉快,充满青春活力;黄色使人温暖、轻快,看到光明希望,这一组合,让人感受到春天的生机。晋人已注意柳树色彩的变化,南朝陈后主《折杨柳》有云:"长条黄复绿,垂丝密且繁。"咏金黄柳色当从南北朝开始,此后如隋王胄《枣下何纂纂二首》云"柳黄知节变",说明人们以柳之黄色代表春天到来。

二

进入唐宋,诗人对金柳的描写更多不胜数,除了前面所选,再举些背后有情感故事的诗词。

苏轼写过《蝶恋花·同安君生日放鱼取金光明经救鱼事》:"泛泛东风初破五,江柳微黄,万万千千缕。"词题中的同安君,是其已去世的继室王闰之。该词历来不编年，有人结合苏轼在惠州购建放生池事，系为岭南所作（陈雪《东坡寓惠诗文选注》），因放生池完工后适逢王氏生日，故放鱼为之资福。南粤春早，农历正月初五就柳色微黄了（从其他作品可见，北方柳黄要迟一些，如下谈的白居易二月诗、姜夔寒食词，又如蔡松年《浣溪沙》云"暮春初见柳梢黄"）；水边金柳，水中游鱼，寄托着对亡妻的悠悠悼念。

他又有《洞仙歌》云："分付新春与垂柳……永丰坊那畔，尽日无人，惟见金丝弄晴昼。"这用的是白居易典。苏轼很推重白乐天，所取"东坡居士"号就是追步其诗意；而白是写柳的重要作者，他和刘禹锡作了很多《杨柳枝词》，推动源自乐府《折杨柳》的这一诗体流行（关传友《中国杨柳文化》），其中不乏金柳之句，如："何似东都正二月，黄金枝映洛阳桥。"至于苏词所本的一首是："一树春风千万枝，嫩于金色软于丝。永丰西角荒园里，尽日无人属阿谁。"这表面上是为洛阳永丰坊的一株垂柳鸣不平，但据孟启《本事诗》，背景是白居易有姜小蛮，白将她比作杨柳，此诗实为写自己已老迈而小蛮尚年轻，有感其今后出路。该诗被谱曲传唱，唐玄宗听到后让人取此柳两枝移植于长安皇家禁苑，令这棵柳树身价十倍。

比起苏、白，在金柳中寄寓更深沉幽情的是姜夔。夏承焘《姜

杨柳垂青亦垂金

白石词编年笺校》钩稽其"合肥词事",指出姜夔客居合肥时生情于两姐妹,此后念念不忘,每以隐词道其凄惘心事,"合肥巷陌多柳……故怀人各词……皆以柳托兴"。当中最有代表性的是《淡黄柳》,姜白石这一自制曲,词牌名就直接反映了杨柳垂金,其小序记:合肥"巷陌凄凉","唯柳色夹道,依依可怜"。词中写道:"空城晓角,吹入垂杨陌。……看尽鹅黄嫩绿,都是江南旧相识。"那"鹅黄嫩绿",夏承焘等《姜白石词校注》认为,杨柳从黄变为绿,表示从早春到暮春(该词为寒食背景)。即独自看尽一个春天的柳色变化,衬托出柳边的愁人。那"江南旧相识",沈祖棻《宋词赏析》认为,是暗喻"地异情殊"。而我觉得,此明媚柳色与作者的凄寂心境形成反差,却又是他漂泊羁旅中的慰藉。

此外如《一萼红》:"记曾共、西楼雅集,想垂柳、还袅万丝金。"回忆和想象中的金柳风情,带出落魄飘零中的怀旧伤情。如《醉吟商小品》:"又正是春归,细柳暗黄千缕。"据说,同样是合肥情事的愁思。至于《除夜自石湖归苕溪》十首之十的"谁家玉笛吹春怨,看见鹅黄上柳条",这结束组诗的笛声柳色,暗含绵绵不尽的无言叹息,我看就不限于恋情,而是姜夔感怀身世的幽怨惆怅。

还有一首《莺声绕红楼》,词序记友人携妓观梅,"妓皆以柳黄为衣"。词云:"人妒垂杨绿,春风为染作仙衣。"——由女子的柳黄色衣裳想象杨柳与女子的对比,以颜色将人柳合一,亦联想之妙。但好玩的是,陈书良《姜白石词笺注》评析说:"人妒"两句,是写垂杨鲜绿令女子企羡,"于是裁制绿罗裙来与杨柳春色媲美"。虽然,他接着也说其实是"身着柳黄色衣裙",但前面那处错愕的"绿罗裙",似乎反映在人们潜意识里,谈柳总是着眼于其青绿(就像以前的我),才有这样的口误。

三

苏东坡种过杨柳,如《次韵子由岐下诗》的《柳》云:"今年手自栽,问我何年去。"该组诗小引记,他到岐下不久,就在官舍居所修筑池亭桥阁,种花栽树,包括杨柳等。岐下,即青年苏轼第一次外任官的陕西凤翔府,初出仕的他在此做了些民生实事,柳树就是一个体现:苏轼疏浚扩建东湖,既便于水务,又可在旁栽柳,成为凤翔一景,据说后世将湖畔老柳称为东坡柳(网上搜得《西安日报》去年7月的侯宏博文《东坡柳》)。

凤翔府,包括今之陕西宝鸡等,是秦之发轫旧地、有名古都,又是北宋临接西夏的边防要地、军事重镇(到南宋则丢失沦为金人占据)。其西南方相邻的,乃是凤州。

而姜夔写金黄柳色的诗词,还有如《观灯口号》:"金柳*丝丝*满凤城。"凤城是京城的代称,此处指南宋首都杭州;但这句诗与

杨柳垂青亦垂金

＊

苏轼一样,可联想到开头说的水公题目:凤州金丝柳。

扬之水《书房花木》跋首先提到的史料,是祝穆《方舆胜览》所引邵尧夫诗:"杨柳垂金丝,风动如飞盖。"然而,我为此买了邵雍(字尧夫)的《伊川击壤集》,却发现其《凤州郡楼上书所见》(就因这首诗,《方舆胜览》将邵列为凤州名贤)原作不是那样的,最重要的关键词错了。按照郭彧整理的中华书局版该书所录,首句为:"杨柳垂青带,风动如飞盖。"——与陈书良将姜夔笔下的黄衣说成绿裙相反,祝穆是将邵雍笔下的垂青误记为垂金,然则此诗作为金丝柳的典故并不成立。当然,也可能祝引用的才是更准确版本,毕竟他是南宋人,距邵的北宋不远,说不定其著保存了原始文本。再者,《伊川击壤集》里也确有邵雍咏金柳之作,如《垂柳长吟》的"翩翩绿罗带,缥缈缕金衣"等。

至于凤州金丝柳本身,我心系多年、立意一年后,今春重读石志鸟的《中国杨柳审美文化研究》,终得详解,综述如下:

清汪灏《广群芳谱》引彭乘《墨客挥犀》云:"凤州伎女,虽不尽妖丽,然手皆纤白,州境内生柳,翠色,尤可爱,与他处不同,又公库多美酝,故世言'凤州有三出'。"又引《方舆胜览》载:"凤州柳,蜀主与江南结婚,求得其种。"陕西凤州所产之柳就是金丝柳,金丝柳是垂柳的一种,与一般垂柳不同,其枝条颜色随季节显著变化,生长季为黄绿色,落叶后至早春则为黄色,经霜冻后尤为鲜艳。(不过,上引谓"翠色可爱",《方舆胜览》也引诗谓此柳好处是"青丝拂地垂"。)无论如何,金丝柳备受人们垂青,与妓、酒一起被称为"凤州三出",连皇帝也对其情有独钟。(所以《方舆胜览》记元丰年间宋神宗曾下旨凤州取金丝柳一百根。)范成大《吴郡志》载:"柳以垂者为贵,吴下士大夫家有得凤州种者,其半拂地,复堆如尺,石湖绮川两旁亦有之。白居易《苏州柳》:'金谷园中黄袅娜,曲江亭畔碧婆娑。老来处处游行遍,不似苏州柳最多。'"(这诗则突出"黄袅娜"之色。)可见凤州金丝柳因枝条的细长和色彩的多变受到人们普遍喜爱,江浙一带也广泛栽种。

范成大是南宋人,吴郡、江浙是南宋领土重地,以上述金丝柳从陕西移植到江南的背景,加上其一直为皇家所青睐,然则南宋杨皇后的"金垂"之柳,完全有可能就是凤州的"垂金"之柳。(虽然关于凤州金丝柳的邵雍"杨柳垂金丝"之说也许有误,虽然前引古籍记载金丝柳乃"翠色",但杨皇后题诗"金垂袅袅黄"的前一句是"线撚依依绿",可以对得上。)

当然,更审慎的说法应该是:北宋凤州的"垂金"金丝柳是特指,南宋的"金垂袅袅黄"则属杨柳鹅黄的普遍现象,但从逻辑上可以包括金丝柳。扬之水提出的"由北宋而南宋……一柳抑二柳"问题,大致结论如此,不知可算缴卷否。

杨柳垂青亦垂金

*

关于金丝柳实物,查专为这番文事而购的王战等《中国植物志·第二十卷第二分册》即杨柳科专册,以及郑万钧《中国树木志》等传统权威著作,并无此品种,只有黄花柳等相近而又非垂柳者。不过,网上搜得的民间资料却真有金丝垂柳,谓"枝条金黄,柔软下垂",是优良的园林观赏树种。另法国维尔吉妮·阿拉德基迪的《树》收有金丝柳,从描绘形态看属于垂柳,从书中艾玛纽埃尔·楚克瑞尔所绘图谱看,其枝条纯金黄,即确是存在这种柳树的。此外,友人告:凤州旧辖地包括甘肃部分,而甘肃现有金丝柳文学社。

四

水公当年"顺手拣出"的第二则资料,是《垂柳飞絮图》的杨皇后题词。对这幅"千娇百媚"的佳作,去春所购,触发我起意写本文以回应水公命题的两本画集,刘建轩《宋画小品精粹评注·花鸟卷》、郑振铎《宋人画册》,均题《垂杨飞絮图》,佚名(无名氏)作。

刘建轩评注云:"本画因有杨皇后题字,一般认为此画亦出自其手。杨皇后为宋宁宗之妻,善书画。"并介绍该画的艺术成就。

郑振铎的叙录则谓:此画或谓杨后作,但有关画史均不言其能作画;从题诗落款钤印看"当是她的笔迹,惟不知此画是否亦出其手耳"。又引记载,有杨妹子(一作杨娃),是皇后之妹,工诗善画,则此画"或为杨妹子所画,而是由杨后题之欤"?

这位杨皇后,也是个人物。虞云国《南宋行暮——宋光宗宋宁宗时代》有较全面介绍,结合其另著《细说宋朝》,以及《宋史》等,撮述她的主要事迹如下:

杨氏先为杂剧儿童演员入宫,长成以色艺得宠。宋宁宗原来的韩皇后去世后,她与曹美人争夺中宫位置,大臣韩侂胄见杨氏有权术,担心她当皇后后会影响自己对宁宗的操控、对朝政的把控,于是建议宁宗立柔顺易制的曹美人,并用手段压制杨氏。但杨氏终以心计得上位,遂一直对韩衔恨。后来,韩侂胄为了个人权位功名,不顾国家时势与外交关系,冒险发动对金朝的北伐,杨皇后认为此举轻率——这场北伐与之前的抗金斗争、恢复中原不同,后之史家多认为是不当之举,而杨皇后不愧"涉书史,知古今,性复机警",对此有清醒认识,曾劝告宁宗,但意见不受重视。北伐失败,南宋自招新辱,杨皇后向宁宗进言要罢黜韩侂胄,宁宗又不听;她怕韩知道后会报复,况且因立后之事也一直想报复韩,遂找了反战派代表史弥远结成同盟。史在外策划,杨皇后则偷偷以宁宗名义颁出罢韩的御笔,史弥远等人凭此,得以纠结同党,尤其是关键的军队力量而正式发动,矫旨擒杀韩侂胄。其间,宁宗曾要救回韩,杨皇后夺下批示,哭诉而令宁宗作罢。

杨柳垂青亦垂丝

※

这是南宋一次重大事变,杨皇后在当中发挥了关键作用。韩侂胄乃名门之后,又为宁宗前皇后的外戚,更是宁宗之父宋光宗疯病后,一批宗室和朝臣策动名为内禅实为政变的主力之一,硬将本来惶恐不愿为帝的宁宗挟扶上皇位。此后,韩收拾了其他大臣,成为被宁宗依赖、只手遮天的专权者,横行多年却在另一场政变中栽在他早就看出的杨皇后之权术上。宁宗喜用内批御笔,绕过宋代设计的君臣制衡关系中的程序,这给了韩侂胄假借御笔弄权擅政的机会,然而最后又被杨皇后以此算计,以其人之道还治其人之身。

只是随后轮到史弥远成了权相,宁宗重蹈倚信韩侂胄的覆辙,进入另一个权臣专政时期。宁宗去世,史又一次操控废立,要废皇子立皇侄,这一回杨皇后沦为配角,虽一度抗拒,然终被迫同意史的安排,并配合性地垂帘听政,但很快就主动撤帘,名义上还政给新皇帝宋理宗,实质仍由史弥远主政。史之独断朝纲程度远超韩侂胄,给朝政带来更大的破坏,祸害和流毒更深,自此南宋从下坡路走向灭亡。宋光宗、宋宁宗时代,是南宋历史的分界线,由鼎盛治世转向衰颓末世,出现根本性逆转。

宋宁宗勤勉好学,文化修养较高,但平庸软弱,"唯唯默默",无所作为,受制于人,其临终自评是"不明不敏","然克俭克勤"。受其影响,杨皇后也能生活俭朴。她天分聪颖,有一定的艺术才华，夫妇关系和谐，书画相得。她堪称才女，其《宫词》组诗写四时风物，清通可颂，更擅长书法——前引郑振铎谈到的杨妹子（杨娃），虞云国指出，或说是杨皇后之妹，但也有说是杨皇后自署的昵称。据载杨妹子书法很像宁宗，宁宗常让她代书。而因为杨皇后在御笔上也有此作为（诛韩侂胄之前，她就取替韩而代宁宗御笔了），虞倾向认为两者是同一人。而在这之前，启功已专门考辨过这场"纠纷"，一针见血地指出：所谓"杨娃"是前人误认钤印文字，实质并无这一称谓，杨皇后亦无妹妹，杨妹子即杨皇后（《启功丛稿·论文卷》之《谈南宋院画上题字的"杨妹子"》）。另网上查到，吉林省博物馆藏有据说是其画的《百花图卷》。然则，那幅《垂杨飞絮图》很可能绘、题均为杨皇后。

虞云国的《南宋行暮——宋光宗宋宁宗时代》，在少人关注的两个庸弱皇帝身上，写出一个惊心动魄的坏时代。我读后有个感觉，是惊诧于那么崩坏的社会政治、国势士风，与其他记载中南宋那么丰富的物质享受、那么繁盛的精神生活，恍如两个世界互不相干，却可以并存而各行其是。即以"线撚依依绿，金垂袅袅黄"的这幅杨柳为例，如此清新脱俗的画面背后，原来是一个深谙宫廷权斗之术的有手腕的女人。她的手腕，既能写出题诗的典雅端丽书法，又却曾用来冒充皇帝御笔而搞倒一个权倾天下的猛人。

杨柳垂青亦垂金

此外,仍据虞著:金丝柳所出的凤州,今陕西省凤县,在韩侂胄北伐引发的内乱中,曾一度被地方叛臣献给金朝;后来又在宋蒙的第一次交锋中被蒙古军抄掠,代表宋蒙战争的序幕正式拉开。

然而,看那画中的杨柳,绿叶金枝黄花絮,摇曳生姿,却仿佛将这些翻天覆地的风暴变局荡去无痕,只定格于一个清丽的瞬间。诗文、书画,以及花木,就这样无涉于现实风云,只留给我们依依袅袅的欣赏。

> 2021年4月26日、农历三月望正式起笔,4月30日完稿;经五四青年节、五五立夏,至5月12日、农历四月初一即孟夏首日修订毕。

> 后记:在此文写作的4月,以西洋古典装帧风引领书籍艺术新业态的草鹭文化公司,提出将我出版过的花书,改做成精装限量定制版的"沈郎草木系列",当中包括《书房花木》,本篇正好等于是新制此书的补充。但因原书内容不能变动,无法添加

大宋花事

＊

说明,故在这里记一笔：感谢俞晓群兄、刘裕小姐等草鹭之士的邀约和操劳,以及素不相识而推荐拙著的王之江先生；也感谢设计新封面的蔡君音小姐,以及冷冰川兄继续慨允使用我心仪的《阳台》用于《书房花木》,许宏泉兄赐予佳作白兰花用于《笔花砚草集》。这番书缘也如杨柳,是对拙著的垂青美事了。

梅竹格调,榕荔土风
——晚宋莞人笔间花事

大宋花事

＊

南宋末年，广东东莞涌现了一批文人儒士，在文学史上首次产生影响。这一方面，是经过从晋、唐立县到宋代的发展，这片南荒僻地的经济、文化和教育已建立一定基础，文风渐盛；另一方面，中原衣冠人物陆续迁入，特别是元军攻克南宋首都临安后，一批大臣先后拥立两位少帝南遁、流亡三年才在广东沿海最终覆灭，这段时间岭南是宋朝最后的寄身地和军民抗元的主战场，东莞也成为本土与外籍、武将与文人的聚集之地，文脉积累与时局巨变，造就了文学创作质与量的大大提升，重点体现在一批遗民身上。方勇《南宋遗民诗人群体研究》，分述全国八大群体，当中就有"以赵必𤩩为首的东莞群"。

该书指出，这个"东莞群"是"一种独特的地域文化现象"，"人数众多，活动频繁"；而且，"每以梅花为题相唱和"。另骆晓倩《两宋宗室文学研究》有专节"遗民诗派中的宗室诗人赵必𤩩"，用不少篇幅谈到赵诗中的梅花意象：梅花在中国传统文化中本来就具有道德意味，南宋末年更成了抗元而隐居的遗民们的象征，而"赵必𤩩是遗民诗派中写梅花较多的诗人"，那大量梅花意象"是他人格中的'清气'的投射表现"。此外，杨芷华《宋季爱国诗人赵必𤩩》（收入《东莞历史人物》）也点出赵必𤩩"特多咏梅诗词。"

不止于梅，不止于赵，我近来集中阅读宋代莞人主题，留意

梅竹格调，榕荔土风——晚宋莞人笔间花事

※

到传统上的各种高洁草木，以及其他诸多花果，频繁出现在这些遗民笔下。而通过李君明《全东莞宋元明诗》等对宋代东莞作品整体鸟瞰，发现无论艺术水平还是植物意象，都是到南宋遗民才有突出表现，仿佛两者间有隐秘的联系。亦即，可从对草木的书写见出人和诗，从植物的角度反映这一莞邑特殊群体；甚而，还可由一地扩充到整体，略窥宋末的文人士风。

一

先由核心人物说起，赵必𤩪，是大宋宗室，宋亡之前有事迹，宋亡之后为遗民诗人代表之一，是遗民诗派中宗室诗人里传世作品最多的一位（《两宋宗室文学研究》），也是宋代东莞诗词流传后世最多者，其《覆瓿集》乃四库全书所收唯一莞人著作，亦为东莞宋人文集唯一存世者（杨宝霖《天潢贵胄，丽句清词》，收入《东莞历史人物》）。

关于其人生平，综合《覆瓿集》的清纪昀撰四库全书提要和附录志传，清末陈伯《宋东莞遗民录》和张其淦《东莞诗录》，当代《东莞历史人物》和《粤诗人汇传》等，以及它们所引从宋末陈纪《行状》等时人资料，到元、明、清的人物传记和粤、莞等地方志，概述一下：

赵必𤩪，字玉渊，自号秋晓，宋太宗十世孙。其祖父到广东

任职，其父赵崇䃼随之入粤，"至东莞家焉"，居莞城栅口。清阮元《广东通志》径称其为"东莞人"。赵必𤩪"性颖悟，读书辄通解，工词赋"。南宋末年，他和与父亲同榜考中进士，"性恬淡"的赵崇䃼即辞官归隐。赵必𤩪当过广东几个地方的县官，"治邑有惠政"，后亦弃官回莞，奉亲同隐。他"为人才识俊迈，多慷慨，仗大义，乐周人之急"。到宋朝"宗邦沦丧"，他不忘宗庙，自闲居中挺身而出。其时天下大乱，莞人熊飞起兵抗元，"欲尽括（莞邑）税户财谷以充军需"，赵必𤩪去见熊，捐助家财做军饷，并协助合理征输，减少扰民；同时，晓以国家大义，指出宋朝小皇帝尚漂流海上，劝熊尊宋主、谋兴复；熊飞从之，有收复广州等战绩，后兵败战死。赵必𤩪更"慷慨从军，为文天祥所礼重"。文在广东惠州"开府"勤王，召他摄任军事判官等职，他"殚谋竭忠，力图恢复，然势不可支"。文天祥被元军捕后，赵必𤩪察觉其弟文璧"无坚守意，不得已遁归"。随后宋朝经崖山海战正式覆亡，元朝曾对赵必𤩪授官职，他不赴任，退隐莞邑郊外温塘村，"足迹不入城郭"，"其节概殊不可及"。他平时或"以诗酒自娱，仰俯林壑，欣然会心，朋侪二三，更唱迭和，歌笑竟日"，或"徘徊海岸"，"每望崖山，则伏地大哭"。如此郁郁寂寂，笑哭隐居至死。

　　这样一位人物，其作品内容与风格可想而知。虽则艺术水平不算高，"在宋末诸家中未为颖脱，然体格清劲，不屑为靡靡之音"。要言之,前半生是身处末世乱世的清逸淡泊、忧患怅惘,后半生国家沦丧,作为皇族宗室更受刺激而多家国之恨、身世之感。这种种清劲俊迈与伤痛哀凉,正如论者已注意到的,可体现在其大量梅花诗词中:骆晓倩分析赵必𤩊写梅"冰清玉洁不做时妆样",自己"细把心期向梅说"的《古端饮问梅亭作》,"我交梅花二十冬"的《和李梅南对梅韵》等,指出他是把梅花也作为主体而互相对话,"在与梅花的对话中完成了自我形象的塑造"。"与梅花是双向浸润的关系":"梅花的幽逸滋养他的灵魂",同时又"潜游着亡国的隐痛"。杨芷华也谈他写"逆知梅意同我意"的《南山赏梅分韵得观字》等,"诗中梅花完全人格化,诗人与梅花融为一体"。在此之外,可再选记一些:

《吟社递至诗卷足十四韵以答之,为梅水村发也》其九:"我爱梅花清,梅花怜我癯。"也是拟人化、双向交融的惺惺相惜。其二,则言"梅花我辈人",以此花作为一种集体标识。

所谓集体标识,是因据该诗及《和同社饯梅》等作品,论者认为这批遗民结为本邑较早的诗社。而对这群体中的个人,赵必𤩊也常以梅花寄意,如《怀梅水村十绝用张小山韵》其三:"小山山人荷为衣,松梅为屋竹为篱。"以荷为衣,出自屈原《离骚》,表示归隐;而屋旁有松有梅,栽竹作篱,则活画出隐居之美。其九:"梅花明月一床冰。"更是指梅、月这双清,映床成冰,奇思妙喻,极写清高之态。

又如《挽邓南山》,谓其墓地只需"种竹一庭梅百株",则梅花是生(隐居)、死皆相伴了。再如《挽赵北山》:"氂纬孤忠泣黍离,吟形如鹤不胜衣。参苓信美难供病,松菊犹存欠赋归。……北山猿鹤多凄怆,独对梅花泪暗挥。"此诗出现多个动植物意象,其中:黍离,出自《诗经》,以宗庙宫室尽变禾黍田野,而喻亡国的沧桑之痛。参苓,是指赵北山善医,但人参茯苓这些珍贵药材也难挽回其病。松菊,源于陶渊明《归去来分辞》,比喻故园归隐。梅花,自然是他们共同喜爱的高洁出世的意象,和对故国眷恋孤忠的象征,现在斯人已去,只有独对此花而伤悼。

以上怀人挽友,与梅花同在的还有松、竹、菊等,也都是传统的草木高洁意象,且与隐居相关,在赵必瓛的作品中亦常出现,共同构成出尘清雅的归隐情调。

如他早年在外当官时,一再在致人书信的开头说:"对梅花,笑薄甚宦情。"(《回仇香招》)"为饥弃家,对梅花而自笑。"(《送物百里》)——梅花的清高,让他淡薄了当官求名逐利之念("为饥弃家"指为了糊口而离开家乡去做官)。然后,如《和黄秋三衢舟中韵》所云:"客游倦矣归休去,三径可松园可蔬。"又《宴清都》,自注是"舟中思家用美成韵",词中写当官是"身为名苦",忆记家乡莞城栅口的清幽渔村,那里"有秋田二顷,菊松三径,

梅竹格调，榕荔土风——晚宋莞人笔间花事

不如归去"。（所用皆陶渊明典故。）

这方面我特别欣赏一首《沁园春·归田作》，写做官的无聊无稽，面对仕途得失的感慨，最后说："自歌自笑，天要吾侪更读书，归去也，向竹松深处，结个茅庐。"——好句好景好情怀，更值得羡慕的是，他后来果然能够践行此愿，真就辞官归去了。

以上背景是他在宋亡前的第一次归田隐居，而此意是一直贯穿其终身的。对自己是这样，《贺新郎·生朝新绿用前韵见赠，再依调答之》，自述生日愿望是："归欤老圃锄春绿……三径荒苔，一庭瘦竹。"于友人亦如此，如《念奴娇·饯朱沧洲》，通过对朋友的祝愿，表达对陶渊明、苏东坡隐居的追慕，谓"松菊尽可归欤……春风寄我梅萼"。按：该词写"细和陶诗，径寻坡隐，时访峰头鹤"，但其实东坡筑居于惠州白鹤峰，是贬谪中饱受打击而无奈安家，不能算真正的归隐。不过，赵必璩后来也曾被迫隐居，所以联系在一起亦相宜。

由此带出一个话题，即赵必璩的归隐，既有主动的一面，也有被动的一面，但都并非某种消极性的隐居。从前面综述可见，首先，他作为王孙公子，早岁高中科举、少年得志，但又有"知官之不可以久居也，故隐居以求志"的淡泊性情和清醒认识；然而他虽一边时思回乡归田，另一边却又身在其位尽职尽责，以治理政务的才干而有"惠政"，所官的肇庆地方志记载过具体例子，并

说当地人因之感念而为他立祠。其次,也更重要的是,首度隐居后,面临元军南侵,他又能勇于站出来,"至临大事,以身任而不辞",有所作为,表现出色。只是大志未遂,复宋事不济才二度归隐,即此被迫隐居,也更主要是见其不屈气节、超迈人品。这样出世与入世相融合,才是梅花等的真正高风。又好比他笔下的菊花,一方面有《念奴娇·和云谷九日游星岩》的出尘晚节:"秋容未老,晚香尤有佳处。"另一方面也有《重九即席点韵》的尘世欢愉:"世俗儿女情,饮菊萸系臂。"(按:这两句连同《贺新郎·寿陈新绿》的"寿酒浮萸菊",还反映了南宋末年的重阳植物风俗。)

最后说说赵必㻋写梅的一个有意思细节。他的《通惠守贾菊岩》记:"伏以霜晴妍暖,梅两三花。"指晴暖的秋天梅花已开。《醉落魄·用韵赋九月见梅》,更是专门写这种(农历)"九月南州雪"的梅花早开现象。这是岭南天气炎热所致,北方梅花,即我们一般认知的,是冬春凌寒开放,赵必㻋则记录了广东的独特物候,而这是真确的,我去年公历 10 月下旬,就见过莞邑农业园先开的梅花。由此可见,他笔下的这些草木,不仅是作为传统人格象征来虚写,还是他与实物相对的粤莞实地记录,可作为宋代岭南梅事的史料。

梅竹格调，榕荔土风——晚宋莞人笔间花事

*

二

赵必瓛入元后隐居不仕，"一时隐者多就之"。这批遗民，既有莞人（多数也是祖先在宋代移居东莞的），亦有宋末因战乱流寓入莞困居于此者。他们相互间有紧密关联，如父子兄弟、儿女亲家、世代之交、同为宗室、师生关系、相继任职本邑等，有共同的价值观和取向，拒仕元朝（或始就而终去，也有的在宋末就已辞官），隐居读书，诗酒唱酬，形成莞邑一个特殊文化圈。他们围绕赵必瓛而互相影响（虽然个别人不一定与赵氏有直接交往），自然都奉梅花为超凡脱俗的君子意象，乃至多次举行集体赏梅咏梅的主题活动，"共嚼梅花醉香影"。（赵必瓛《和同社酒边韵》）本节仍围绕梅、竹、松、菊，选介他们这方面的作品，正好还顺见莞邑几大文化世家。

首先是张家，因为关于那些传统高洁草木意象与文人隐士的关系，以张登辰《海乡甥馆怀竹涧水村二友》的两句表达得最有代表性："诗人门地那无竹，处士家风例要梅。"这两句很好地点出相关植物不仅在写作中，而且在生活中的意义。

张登辰，特别是其兄张元吉，宋末任官东莞，在元、宋两军的拉锯战中，曾有哪边得势就依附哪边的反复，先后举全县归元、归宋复归元，在两朝都当过县官，但也参与过熊飞的抗元战争，特别是两兄弟一再捐出家产和积极活动，保全莞邑免遭元军洗劫并减轻税赋。这也是乱世中人的一种选择,而且他们最后又都辞去元朝官职归隐,故虽则陈伯陶《宋东莞遗民录》谨守严苛体例而有微词,朴实的老百姓只记着这两兄弟保护乡邦的功德,在他们隐居的大朗镇水口村建了"积斋张公祠"纪念之(积斋是张元吉的号),门联有云"功施莞邑"。他们的弟弟张衡(一名张迈衡),则是纯粹"清白"的遗民,号小山,前引赵必瑑"小山山人荷为衣,松梅为屋竹为篱"说的就是他,其也写过"竹边有客烧新笋,林下何人扫落花"(《用广陈君以画征题》)等佳句。

其次是陈家。陈纪的《念奴娇·梅花》,极写"清气乾坤能有几,都被梅花占了",被张其淦《东莞诗录》指为"尤能画出逸民身分也"。

陈纪父亲陈益新,是位理学家,不乐仕进,隐居本邑东湖,号东湖居士。陈纪之兄陈庚也是学者,修编了第一部东莞县志《宝安志》。陈纪本人宋末出仕,宋亡即与父、兄同隐东湖,杨宝霖《苏辛遗响,工于炼字》(收入《东莞历史人物》)指其词首首皆精,为东莞历代词人水平最高者。那就先说他的几首梅、菊之词:《满江红·饯赵佥事》,是赠别赵必瑑赴任文天祥军中所作,有云"虹气上横牛斗剑,梅花不软心肠石",写出梅花的豪情一面。《贺新郎·听琵琶》,从乐曲中构建"怅梅花,岁晚天寒,佳人空谷"的意象,是很好的通感。《满江红·重九登增江凤台望崔清献故

梅竹格调,榕荔土风——晚宋莞人笔间花事

居》,感叹人世风雨,"天也老,山应瘦;时易失,欢难久。到于今惟有,黄花依旧。……忆坡头、老菊晚香寒,空搔首",怅绪壮怀,一气呵成。

正如杨宝霖也说,陈纪的诗亦很好,他自谓是因常与梅花相守相对的缘故:"几度见渠诗便好,此花前世定诗人。"(《梅花》)其与另一东莞宋宗室遗民赵时清(号华颠)唱和的《和赵华颠梅花》"起舞簪花老尚狂,梅花应记旧高阳"是表达无从兴复故国,唯有簪梅聊发老狂之意。他的《甲辰元日》更为知名:"屋角鸡声一岁分,起搔吟鬓惜芳辰。江山有恨英雄老,天地无私草木春。柏叶又倾新岁酒,梅花同是隔年人。东风着物能多少,写入清诗句句新。"——此诗因写到梅而系于此,实质全首俱佳,而我尤爱"天地无私草木春"之意。

陈纪还有一首写竹的诗比较好玩,诗题很长,是具体的纪事:《夜梦游一野人家,万竹苍寒;老翁款留,意甚厚;予题诗赠之,独记一联云:"与谁共住只明月,所可论交惟此君。"觉足成之,亦梦中意也》——他梦醒后补足的全诗不必引了,就诗题中那两句就很好。古人常有这种梦中得句事,而且往往也是仅那梦中所得为妙。

最后是李家。理学家李用,曾推动女婿熊飞起兵勤王,后东渡日本教学,至死不践元土。他有《题画》诗写"冬岭秀孤松"

的凌寒气节。比这更值得一提的,是他和儿子的名号:李用,号竹隐,因研究著述成知名大儒,而又不愿当官,宋理宗为赐御书"竹隐精舍"之匾。他的三个儿子皆致力经术,长子李春叟,号梅外,同样因辞官不任而被宋廷赐"梅外处士"之号(他也像赵必瓈一样鼓励过熊飞,阻止过其扰民,又曾与赵氏和张元吉兄弟一起向元军力争而保民,元朝命他当东莞县官,不从,以讲学终身,岭南名士多出其门);次子李得朋,号梅边;三子李松叟,号梅际——全家都"梅花间竹"地以字号来表达素志。

以上这三家皆一门俊杰的书香望族,我今年都探访过他们的故里,尤其李家,因各种凑巧去看了三次。李氏所居的白马乡,地在篁村(本为市郊,现因城市发展已改名南城),"篁"者,自然是指历史上多竹,虽然一般认为李用本非当地人,是李春叟一代才从莞邑他处迁来,但正好篁竹的传统和实物双重意象,可对应李用的竹隐,成为流传雅号:他有《竹隐集》,李春叟为之筑皇帝赐名的竹隐精舍,一家隐居潜心治学,宋末还有祭祀他们的竹隐祠。现白马村中的李氏大宗祠,颇为气派,据称即原祠历经毁坏多次重修,有宋代宗祠遗风。旁边是传为李用所挖,至今清冽可用的古井,说明牌仍尊称"竹隐公"。祠、井之间栽了竹子,更有意思的是祠门上的壁画,有一幅"竹林七贤",似为照应。另外,附近还有一间以旧宅院改造、追慕竹隐精舍而取名竹隐公馆的休

梅竹格调，榕荔土风——晚宋莞人笔间花事

闲咖啡馆，店内字画亦有梅情竹意：门口黑板上是粉笔字抄录的两首宋诗，苏良《竹隐精舍》有云："清影雅宜梅共事，高风堪与菊同芳。"陈纪《题李竹隐山斋》则云："莎径荒寒闻鹤唳，竹丛摇落见渔舟。一声横笛碧天暮，诗在沧波芦荻洲。"可见从前此地的自然清幽（现在也仍近河）。又厅中所悬两副对联，分别有语："梅花带雪飞琴上"，出自唐人章孝标诗；"青琐韶华骑竹日"，则不知何人所作。"骑竹"，一般指古代游戏的孩童骑竹马，也可指仙家出行等，都能呼应竹隐主人。今年元旦假期，我携了两本对应2022年的宋代史书（分别讲宣和四年即1122年、绍兴十二年即1142年），带到竹隐公馆消闲翻览（在店中介绍牌上看到李用生卒年也恰好是1202—1282年），在此本邑带有宋朝气息之地来开年，自我寓示连续第三年以宋为读写主题，就躲在宋朝不出来了。而5月小满节气，则是在第三度访李氏遗迹后开撰本文。

三

这批东莞遗民的笔下，还有其他大量草木，再拈出一些有话题的花瓣，借之欣赏晚宋文学风味之余，更可窥见当时的岭南植物风情、莞邑地方风貌。故以下对新出现的遗民作者不再介绍，转而以花果品种分类。

荷花。赵必璙《和张竹处韵饯陈匪峰之濂泉》云："庭草池莲总春意,诗人只合住濂泉。"这里值得注意的是,他将池中莲花作为春意之一,这是只有岭南才具备的物候(濂泉为东莞名胜),荷花不待夏季已开。

另其《挽陈东湖》四首之二云:"一夜西风惨,池荷不敢红。"乃双重比喻,通过写西风对荷花的摧残,写荷莲不再开花,表达了对隐士陈益新的伤挽。又《贺新郎·和陈新绿观竞渡韵》,"唤醒荷花归棹梦",亦写隐居;但后面具体说:"随意种,荼蘼踯躅。"即栽种荼蘼和杜鹃花,这就反映出,除了广泛意义的梅、竹、松、菊,南方人隐居相伴的地域特色花事。

葡萄。赵必瑑的《齐天乐·簿厅壁灯》,陈伯陶《宋东莞遗民录》指出是他任官高要县时所作,写了岭南"红纷绿闹"的草木:"暖得枳花香也,雪柳拈金,玉梅铺粉……鳌篷如画,簇万顷芙蕖,桂华相射……酒尽更阑,月在蒲萄架。"这当中,枳花是赵氏喜欢的,其《和黎簿韵》:"枳花香里见诗人。"柑橘类植物的花香确是很动人。雪柳、玉梅,则非真柳真梅,而是宋代元宵的女性饰品,我有一篇记元宵植物之文谈到过并引用了赵必瑑的同类作品;芙蕖桂华,同样不是真荷真桂,乃宋人的巨型元宵灯饰鳌篷上的花灯制作,让这些夏秋花卉能在春天为人所赏,反映了我一篇宋代簪花之文所记的宋人"四季花"风尚。结尾一句葡萄就是实写了,因词末有自注"时簿厅新作蒲萄架",需要用"架"种的,明显为葡萄而并非同音的南粤果树蒲桃(四库全书版《覆瓿集》即作"葡萄")。

我任职农司期间,一项可欣慰的工作是参与推广了葡萄在莞邑的种植,使之成为都市农业的一个新产业;但说"新",只是指规模生产而言,事实上此物古已有之——与一般人的印象相反,源于西域的葡萄其实很适合在岭南种植,该词就点出至少宋末已经在广东官衙里设架栽种,还成为酒尽更阑夜月相映的优美图景。

柳。由此树可记与赵必𤩹有关的本邑两个地方。一是他家居的,也是宋亡之前他首度归隐的莞城栅口,陈纪《行状》记赵必𤩹之父赵崇䌹隐居栅口时的情形,有几句描写甚佳:"插柳艺兰,角巾逍遥,同俗谐世,日狎渔翁钓叟,目送风帆鸥鸟,以自乐。"而梅水村对赵必𤩹的祭文写道:"慨栅口之故址兮,乔柳依依。"二是宋亡之后赵必𤩹二度退隐至去世的东城温塘村,见于几首同道中人的挽诗,黎献所作云:"向来觞咏地,衰柳带斜晖。"陈继善所作云:"向来觞咏地,衰柳夕阳斜。"杨芷华《宋季爱国诗人赵必𤩹》举引之说明这些遗民有结为诗社,"觞咏地"便是固定活动地点,但不知具体在东莞何处云。按理,赵必𤩹既隐于温塘而"足迹不入城郭","一时隐者多就之"。应该那些友人就是往此过从的,在温塘形成以其为首的遗民文学群体(其中的黎献,有明确记载是"宋亡,与赵必瑑卜邻"隐居)。他们记写这聚集吟咏之地的柳树,虽然不排除是用以柳怀人的熟典,但也可能确是当地多柳而触目,故不约而同写到。可证的还有陈氏兄弟挽诗,陈庚云:"萧萧亭畔柳,回首重凄凉。"陈纪写了当初"追随""畅饮",如今"数尺茅檐杨柳岸,故应经此尚依依"。另外,上引赵必瑑《挽陈东湖》四首之二,写陈氏隐居之地:"东湖地百弓,左柳右芙蓉。"杨宝霖先生告知,此柳、荷竞秀之东湖亦在温塘。

栅口与温塘,于我的生活和工作分别有点关联,以是更加亲切,前段时间专门去探访。——近几个月不能外出,忙余遂唯深度发掘本邑宋人遗迹。

东城温塘,已是厂铺林立、住宅纷杂的城中村,虽然远处还有农田山野,但核心地带早已不复赵必瑑远离城市、隐居林泉、流连山水、相依杨柳的清幽旧貌。陈伯陶民国时修编《东莞县志》,还在"古迹·前贤遗址"中记温塘有赵秋晓茅屋,现则只剩一处间接的旧物,是赵必瑑后代在明朝所建的公祠,后来迁走时卖给了当地人。于旧村辟处寻得,一树白兰花、一条青石板路、一丛丛野草,映衬着这座以岭南传统特色建材红粉石所修的祠堂,荒凉冷落,只那些旧时建筑工艺、檐下壁画和对联,多少还蕴含些古意文气。另外名字很好,"梅轩公祠",源于明代接手者叫袁梅轩,但也可与赵必瑑的爱梅天意暗合。

梅竹格调,榕荔土风——晚宋莞人笔间花事

莞城栅口,原来就是我住家不远、从小经常路过的一带,虽然宋迹古痕同样荡然无存,连名字都消失了,但毕竟在老城一隅,多少还稍具古韵乃至野趣:附近有后来清代所修的广东四大名园之一的可园,有民国的骑楼街和传统旧宅、家祠,有现代的博物馆、美术馆、学校等文化机构;又地处两河相夹,特别是我去看过一段尚未开发之处,野生的香蕉、水翁(一种长在水边的乡土树种)等绿荫掩映,水上有一条仅剩的小渔船、不时飞过的白鹭,风物令人愉悦,除了亦不见柳树,还是能略与上引陈纪那段描写对应的。

荔枝。赵必𤩪《吟社递至诗卷足十四韵以答之,为梅水村发也》其三:"紫微号舍人,红荔名郎官。梅花隐君子,未可一样观。"此诗以入世的紫薇、荔枝来衬托出世的梅花,重点在后者,但我感兴趣的是前两种花果:"紫微号舍人",出自唐朝典故,中书省改称紫微省,中书令为紫微令,杜牧曾任中书舍人而被称为紫微舍人,他和也做过中书舍人的白居易等都有咏紫薇的佳作,紫薇也就被视为宫廷官府之花;而"红荔名郎官"则很生僻,查了一下,徐𤊹《荔枝谱》载有一个品种"郎官红",其并咏诗:"谁将天上郎官宿,散作林中万点星。"意思是此名得自郎官星宿。但,徐氏乃明代人,而郎官红一名,在历代荔枝谱中始见,甚至仅见于此,宋朝没有这个品种(参考杨宝霖《元以前我国荔枝品种考》)。不

过，网上搜得宋人方岳有荔枝诗《方红》(这也是一种荔枝名)："炎蒸官屋如樊笼，安得雪嚼郎官红。"可见在专门荔枝谱之外，宋代已有这个说法。而赵必㻌此诗，继方氏后提供了荔枝史上稀见的资料。当然，更主要是因郎官与舍人一样，都是古代官职名，他妙思巧构，以这一联诗营造了独到的字面意象。

与此文字游戏不同，瞿佐对赵必㻌的挽诗，则有对荔枝的写实。其记"畴昔追随日"的情景，有云："酒船浮大白，荔圃擘轻红。"在和其他人一样写到的柳树之外，突出了岭南风物，忆怀莞邑荔枝园里剥荔欢聚，是南粤诗酒风流的美景。

榕。张登辰的《和白玉蟾凤台》："榕影满阶人迹灭，一声长啸半空闻。"凤台，应该是指前引陈纪一首词题中的增江凤台，即在广州增城。但是，后来明代莞邑也有凤凰台，为东莞古代八景之一，据说其原址宋代已有了。总之，此诗的榕影，见出南方风情。

榕树在广东太常见了，是很多村庄自古的风水树、很多市镇现代的行道树，这里只记与张登辰相关的两处。首先，如前述，他和兄长隐居的大朗镇水口村，保留着积斋张公祠，我年初重回自己出生和度过童年的此镇，专门去看该祠时留意到，堂前有一棵特别的榕树，说明牌介绍：该树的母株与始建于元代的张公祠时间相仿，前些年枯死，却又生出新芽，现已长成大树。这样的

梅竹格调,榕荔土风——晚宋莞人笔间花事

枯木逢春,不仅是世俗意义的吉祥,更可追慕古风,那曾经陪伴过宋人魂魄的榕树,以其后身继续荫庇今人。

其次,张登辰家族,有说是水口人,但也有说是栅口人,乃唐代名相张九龄弟弟张久皋之后,他们的祖先迁居莞城栅口后成为东莞张氏始祖(张公祠门联亦云"派衍曲江",韶关曲江是张九龄张久皋的故乡)。这就让栅口不仅与赵必𤩪有关,还与我的本姓有关了。栅口一带,虽早已沧海桑田,从宋代外来移民落脚的郊野变为建筑密布的市区一部分,又变为残旧的老城,但无论老街旧宅还是附近两条河边,至今仍有不少大榕树,苍翠茂盛,开枝散叶,一如张氏从这里走出分布莞邑各地。

回到张登辰那两句诗,也是很好的意境:虽然那些晚宋遗民已经消逝,并因不够知名而湮没在史册中,"人迹灭"了。但通过"榕影满阶"的牵引,我们仍可听见"半空"传来他们的"长啸",由此领略曾经有过那样的树影人声,回旋不绝。

> 2022年5月21日小满,再访宋儒李用的李氏大宗祠后起笔;6月6日芒种,荔枝初熟(闻是日农司继续有每年一度的莞荔活动),看榕之余撰毕。
>
> 2023年5月29日,以昨往水榕堡拜会杨

宝霖先生所请教文中部分人物和地点的细节,进行删订(但仍并存从其他资料读到的一些说法)。

另,昨天杨老首先关心我退归一事,作同心恳语,尽见忘年知交的体己情意;而是日,恰在完成修改后,闻己之解甲、得以走完全部程序官宣之佳音。

宋人的生日礼物
——以苏轼及其家人为例

大宋花事

※

国人自古重视祝寿,但真正形成过生日的隆重仪式,一般认为源自唐玄宗将诞辰定为千秋节。后来的唐朝皇帝沿袭之,宋代亦然,且越发热闹,朝野上下普遍庆祝生日。作为配套产物,以往未成规模的贺寿庆生文字也在宋朝大量出现,隐隐新兴了一个文学创作种类。这当中,自然少不了苏东坡,近以自己又逢生朝,有心集中看了一下,感兴趣于他和弟、子诗文中呈现的宋人生日礼物。

一、皇家寿礼

既然生辰礼制起源于皇帝,那就从宋代君主说起,看看最顶层的生日礼物是些什么。苏轼有一篇《同天节进绢表》,记录他任地方官时给宋神宗的诞辰进献过绢。先解释一下:宋延续唐的皇帝"诞节"制度,绝大多数天子和一些重要太后的生日都定为"圣节",成为朝廷重要礼制,其中宋神宗是四月初十(农历,下同)同天节;其子宋哲宗是十二月初八兴龙节,哲宗年幼登位,祖母高氏太皇太后垂帘听政,她的生日七月十六日为坤成节。苏轼在此期间担任翰林学士等,职责包括为朝廷代拟公文,当中有大量涉及后两个"圣诞"的诏书,以下选记一些有代表性的:

《赐溪洞彭儒武等进奉兴龙节溪布敕书》,溪布,当为地方特产布料。与前述的绢一样,溪布是送给皇帝生日礼物的一大类——绢等纺织品和金银,乃宋代最常见的给皇帝诞辰的进贡,比唐朝要多,反映了宋代生产力水平的提高,以及皇帝更注重生活享受,参见魏华仙《宋史拾穗》之《由唐入宋:圣节地方进献的变化》。

《赐外任臣寮进奉坤成节银敕书》《赐朝奉郎通判梓州赵君奭进奉坤成节无量寿佛敕书》等,则写了给太后送的生日礼物有银和佛像。(另苏轼弟弟苏辙也曾代撰《周尹进兴龙节无量寿佛敕书》,载明皇帝生日亦收到佛之画像。)

《赐保宁军节度使知大名府冯京进奉贺兴龙节马一十匹并冬节马二匹诏》等,写进献马给皇帝贺寿,这在唐朝已有,但宋代流行此俗,可能还存在一种"缺什么补什么"的背景,因为宋代产马区的北方和西北属辽、金、蒙古和西夏等治下,国内普遍缺马,物以稀为贵。

《赐外任臣寮进奉兴龙节功德疏诏敕》《赐五台山十寺僧正省奇等进奉兴龙节功德疏等奖谕敕书》等,记的是宋代所创之御用生礼:皇帝诞日,各地要进呈宗教祷词"功德疏"。

《皇帝回大辽皇帝贺兴龙节书》,这是最高级的了:皇帝对皇帝的贺寿和回音。苏轼所拟的这封复信,有云"阅词币之兼隆";币,可泛称礼物,也可专指赠送的锦帛、珠玉、黄金等。总之,从这句话看,辽帝给宋哲宗送来的,有贺信("词"),也有实物。相应地,如《赵州赐大辽贺兴龙节大使茶药诏》写"卿素将庆币,远涉川途",显示辽国派使者向宋哲宗贺寿确有名贵礼物,宋哲宗则赐使者茶叶和药材。

类似的回礼,《玉津园赐大辽贺坤成节人使射弓例物口宣》,写因辽国给太后送来玉器珍宝("卿等圭璋致命"),宋朝对使者赐赠弓箭。《就驿赐大辽贺坤成节人使银鋀锣等口宣》,则记了回赠给使者的还有银鋀锣这样的"精金良币"。更常见的是如《瀛洲赐大辽贺坤成节人使回程御筵口宣》《就驿赐大辽贺兴龙节人使宴花酒果口宣》等,是以酒宴及花、酒、水果作为慰劳。不仅对外,对下亦然,如《赐殿前都指挥使以下罢散坤成节道场香酒果口宣》等,具体点明皇帝对臣子赐赠的乃为坤成节所做祝寿道场法事后的香、酒、果。

不同于皇帝、太后本人诞辰的回赠,次一等的生辰礼物,是大臣生日收到皇帝所赠。从苏轼撰《赐宰臣吕公著生日礼物口宣》《赐皇弟普宁郡王俣生日礼物口宣》等可知,"生日礼物"一词,在宋代最高规格的公文中已普遍出现。但这批亦为宋朝正式设立的"口宣"(针对重要大臣、皇亲国戚、邻国大使等,除颁诏书外,还派专人去宣赐),都是官式吉祥套话,没有出现具体的生日礼物。《苏轼文集》唯一找到的这方面实物记录,是另见《赐金紫光禄大夫守尚书右仆射兼中书侍郎吕公著生日诏》:"今赐卿生日羊、酒、米、面等。"——林正秋《宋代生活风俗研究》之《生日寿辰的礼俗》，也注意到苏轼代皇帝起草的祝贺大臣生日诏书，举了这封为例。不过，还可注意的是苏辙，他亦曾为重臣，其《生日谢表二首》《元祐七年生日谢表二首》《元祐八年生日谢表二首》，这么多次对皇帝御赐生日礼物的答谢表（及所附《笏记》），都有同一句话："伏蒙圣恩，以臣生日，特遣中使降诏书，赐臣羊、酒、米、面者。"可见这几样东西已成定制。它们的含义，如苏辙所云："旨酒肥羜（羊羔），见和平蕃衍之祥；香稻来牟（大麦），皆调节登丰之报。"还可具体稍述之：

羊、酒，《诗经·七月》描写初民祝福"万寿无疆"，是要"朋酒斯飨，曰杀羔羊"，即自古祝寿就有酒有羊。羊，远古用来祭祀神祖，乃贵重之物；在宋代，是为人看重的主要肉食，御厨甚至只用羊肉。酒，除了饮用助兴，还取"久"的谐音寓意长寿，《诗经·七月》及《史记》等表明，春秋战国的贺寿场合已有献酒仪式，而唐玄宗千秋节则由官方明确了从朝廷到村社的"寿酒"。米，代表生活富足，尤其是以从越南传入的占城稻被大范围推广种植为代表，稻米在我国主粮中地位提升，粮食产量大增，这一农业史的著名转折就发生在宋朝。面，是宋代的主食，种类繁多，统称为"饼"，唐玄宗生日就曾吃汤饼庆祝，宋代公卿生辰设宴，也普遍食汤饼以祝长寿——汤饼泛指汤面，特指薄片、长条者，今人生日吃"长寿面",至少从唐宋开始了。(参考张宏梅《唐代的节日与风俗》、尚园子等《宋元生活掠影》、徐吉军《宋朝大观》、林正秋《宋代生活风俗研究》等。)

除此之外,苏辙有一首《王公生日》,附注记:"二府生日,例赐金帛。"也就是说,掌管政务和军事的东西二府,这宋代最高国务机关的官员生日,皇帝赐赠的礼物还有金银和丝织品,亦为制度惯例。

二、东坡生礼

对苏轼,未见记载他收到过皇帝御赐的生日礼物,但来自其他方面的也颇可一说。

首先,他有《谢惠生日诗启二首》,乃对别人赠诗贺其生日的答谢信,云:"伏蒙某官,以某生辰,特贻佳什。"即是同僚官员写来贺诗。宋代以诗词祝寿最为风行,且不限于文人士大夫,黄杰《宋词与民俗》之《寿词》谈到,这类寿词的对象包括社会各阶层,甚至底层人士,还出现了专供人按日期选用的现成寿词汇编"大全"之书。

对这种"人臣生日,以诗为庆"的风俗,宋人吴曾《能改斋漫录》之《生日祝寿始》,虽然不赞同本文一开头"生日祝寿始见唐明皇(玄宗)"的一般说法,而认为要更早,但指出"公卿诞日,

宋人的生日礼物——以苏轼及其家人为例

以诗为寿",就是起于唐玄宗。

苏轼所收贺寿诗中,最可记的是来自幼子苏过。他随侍父亲贬谪岭南,陪伴全程,深受熏陶,诗文、性情等各方面均具东坡风韵,时称"小坡"。苏轼最后七年生日皆在岭海流放中度过,苏过从东坡入粤起到去世前的这七个生辰,都有诗作为贺,多年父子成知己,所写的就不是泛泛祝福,而是可见苏轼其人的。如在惠州的《次大人生日》,赞颂父亲"德在民",说他"直言便触天子嗔,万里远谪南海滨",但"身虽厄穷道益信","区区功名安足云,幸此不为世俗醺"。写出东坡贬谪的现实背景,与困苦中昂扬洒脱的精神面貌。在海南的《大人生日》三首,"八郡袴襦德","韦编收断简,鲁壁出余焚",分别总结了苏轼平生执掌八地的政绩,和暮年在海岛著书立说的学术成就。另一年在海南的《大人生日》两首,"腹中梨枣是归田","世间出世固难兼",则是看破红尘,寄情宗教修炼,从仕隐矛盾到形而上的身心依违等心事之体现。(不仅东坡,苏过的《叔父生日》之记苏辙,苏辙《张安道生日二首》《张公生日》等贺寿诗,都有这方面反映。)最后是元符三年(1100)苏轼遇赦北归,离开广东前苏过在粤北为苏轼最后一个生辰写的《大人生日》,"七年野鹤困鸡群",乃是对贬谪生涯的感叹概括。

苏轼另一个亲人苏辙,更是有名的兄弟情深典范,同声同气同进退,相知相念相唱和。他虽无专门贺东坡生日诗,却留下了我认为是苏轼最重要的生日礼物《东坡先生和陶渊明诗引》——苏轼晚年、主要是岭南时期,将绝大多数陶渊明诗次和原韵,是其思想、创作的一个特别领域。在海南岛完成这批作品后,苏轼将诗稿寄给弟弟让其写序,苏辙这篇"引",记述了东坡的天涯海角生活和安贫乐道风骨,尤其是记录了苏轼对他谈这些"和陶诗"的用意,涉及对陶、对苏自己写作与为人的评价,也表达了苏辙的看法,是了解东坡的重要史料。该文落款为"绍圣丁丑十二月十九日",这是苏轼的生日,苏辙不可能不记得的,因此该文虽然表面上不是直接贺寿,但在这特殊日子写成,可视为借此给哥哥的生辰礼物。

其他亲戚写诗贺寿,还有如苏辙的女婿王子立,此事更值得一提的是苏轼的回馈。对生日贺诗,受赠者往往会次韵和作,此亦当时风气,东坡该诗题为:《生日,王郎以诗见庆,次其韵,并寄茶二十一片》——他回赠了21片茶饼,诗中并记是"建溪新饼"。宋代茶文化非常发达,苏轼乃此中达人,建溪所产为名茶。我虽不喝茶,也很羡慕这样隆重的回礼。

其次,文人的生日礼物,除了诗词的文字心意,也有清雅物事。苏轼《生日,蒙刘景文以古画松鹤为寿,且贶佳篇,次韵为谢》,记收到贺寿诗的同时还有绘松、鹤的古画为礼物,东坡挺喜欢的,因他从这本属流行的,甚至可以说是俗套的长寿意象中另有寄托,诗中写松不畏寒暑而可洗尘心,鹤翱翔云天而可发远意,即不但代表延年益寿的传统祝福,还暗符他追求自由、隐逸山林之念,所以赞赏赠画者云:"故人有奇趣,逸想寄幽壑。"——其时是元祐六年(1091),苏轼离开京城权力中心,外任颍州,这也可说是他在此背景下的生日心愿了。(相对来说,苏过有一首《叔父生日》以"郁郁涧底松"为主题,努力在常见的此树吉祥意味的基础上,从多方面以松喻人,表达苏辙高迈的情怀,但比起东坡的"逸想"还是稍逊。)

苏轼所获的诗文之外的生日礼物,最风雅的要数一支乐曲,见其《李委吹笛并引》。该诗引言记:"元丰五年十二月十九日,东坡生日,置酒赤壁矶下……酒酣,笛声起于江上……则进士李委,闻坡生日,作新曲曰《鹤南飞》以献……嘹然有穿云裂石之声。坐客皆引满醉倒。"那是苏轼贬谪黄州期间,他很喜爱当地误传为三国赤壁大战的赤壁矶,已写过《念奴娇·赤壁怀古》《赤壁赋》,年底这次又来游,留下的此诗虽不如上述篇章著名,却饶有情趣:与几个朋友到古迹胜地,置酒庆生,忽然江上传来笛声,颇"有新意,非俗工",原来是个不认识的书生,知道他生日,特地作了首新曲呈献。邀其人到面前,装束不俗,"青巾、紫裘、腰笛而已";演奏技艺更佳,江风中笛声穿云裂石,大佐酒兴,众皆醉倒。最后，"委袖出嘉纸一幅，曰：'吾无求于公，得一绝句足矣。'"在此环境、情形下，这有心粉丝的索要回礼并不显突兀，只增添了现场气氛，故"坡笑而从之"，写下这首"山头孤鹤向南飞，载我南游到九疑"的绝句。如前记，鹤是传统祝寿象征，而李委创作此曲，精心取"南飞"之名，暗喻苏轼被贬到南方的湖北，但又以鹤之逍遥，特别是在东坡心目中的出世寓意，使得他可将"孤鹤南飞"视为"南游"，所以苏轼会很高兴。写记的这个过程，是声色灵动、情节生动的动人画面，如此生日乐事雅事，颇令追慕。

不像苏辙的《癸未生日》《丁亥生日》等自我陈述性质的自寿诗歌，上举数例苏轼本人为生辰所作，都有所依托，而非专注于自己。他在生日写的其他篇章亦然，如《书冯祖仁父诗后》，赞扬贬地岭南文风之盛，"岭海间学者彬彬出焉"，却并未与落款的"元符三年十二月十九日"联系起来。这种不为私己的生日文字，有一篇可展开一记：据孔凡礼《苏轼年谱》，元丰元年（1078）十二月十九日，东坡向枢密大臣上书，陈述对兵事国务的清醒看法，"是日其生朝也，身为二千石（指苏轼时任徐州知州），士民当盈庭为寿，否则与家人饮食燕乐；乃斋心呵冻，极陈国计，其贤于人远矣"（转引《平园续稿》）。东坡当时虽未获重用，但"不置国事于度外"，生日仍忧心朝廷的用兵西北，不顾寿宴作乐而撰写谏言，确是非寻常人的公心情怀。从这封上书保留下来的片言只语看,苏轼当日考虑的不是个人祝寿,恰是国家能"极安静和平之福,至于寿考万年"(转引《昌谷集》)。因此,这篇全文已佚的《东坡上枢密论开边书》,可以说是苏轼倒过来别致地给宋朝的生日礼物。但可悲的是,不到一年后,这样全心为国的人却身陷乌台诗案,他的下一个生日在国家中枢的监狱中度过了。

三、苏轼贺礼

以上是关于东坡的生日,以下,谈谈苏轼对他人生辰的致意,送人的生日礼物。

常见的仍是贺寿诗,如《寿叔文》《太夫人以无咎生日置酒留余,夜归,书小诗贺上》等。这类作品通常难以出彩,不过对亲友知音,仍间有心声吐露,如《表弟程德孺生日》,说彼此都"只求五亩却归耕",是与上面的次韵刘景文诗意思类似而更明确的生日祝福。

对至亲苏辙的生日,苏轼则不仅有诗,还即使天各一方亦寄赠实物为贺,所见记载至少有四回。其中最后一次在海南,《子由生日》《以黄子木拄杖为子由生日之寿》二诗,特别是后者,记贺礼为当地野生橘子木所制拄杖,见出东坡擅长在蛮荒贬所发掘植物做手杖,颇有于人生低谷就地取材来做撑扶的象征意味。

另三回则为宋代香事的记录。先是在定州时的诗《子由生日,以檀香观音像及新合印香银篆盘为寿》,写送佛像观音像,前面关于皇室的部分已记,是当时流行的贺寿礼物,而这里突出的,是那观音像以檀香制成,另还有新合好的印香及银篆盘。后者乃一种香器,详见扬之水《香识》之《印香与印香炉》;对前者的诗中描写,除参见《香识》之《宋人的沉香》外,还可留意首句"旃檀婆律海外芬",说明是异域而来的香料,此为古时中外贸易交流的重点。又诗中说"但愿不为世所醺",借辟垢的香气,表达对弟弟不为世俗所侵的祝福,这正是前引苏过《次大人生日》类似句子的出处,即后来其子将此意用在他身上。

然后惠州时期,写信拜托表兄程正辅:"有一信箧并书欲附至子由处……其中乃是子由生日香合等,他是二月二十日生,得前此到为佳也。"是让对方帮忙及时转送的殷殷惦念。此事及宋人以香合(盒)为生日礼物之风,扬之水《香识》之《香合》有专门记述。

之后在海南,《沉香山子赋·子由生日作》一文,记的是送出当地特产沉香,这树脂结成的香块像天然假山,闻香之余可为清玩。此赋,及苏辙收到后的《和子瞻沉香山子赋并引》,均有对这种香料的描写,同样属宋朝香事资料。苏轼还说,苏辙可将此物置于几席而"养幽芳",通过清静薰香去神游物外,达至他们共同的"归田而自耘"之退隐想象。如此种种清香贺礼,不仅是兄

宋人的生日礼物——以苏轼及其家人为例

弟情义,还可见宋人沉浸于"燕居焚香"的雅致生活一斑。

不过,我觉得苏轼贺寿情意表现得最为美丽的礼物,是在惠州给王朝云的《王氏生日致语口号》。先说两个背景,其一,东坡对第二任妻子王闰之,也有《蝶恋花·同安君生日放鱼,取金光明经救鱼事》,记载她的生日去放生活鱼,此为宋代祈福积德的风俗(有资料显示,现存最早的放生池就建于宋朝)。而不管该词是写于王闰之生前还是死后的争议(参见我《杨柳垂青亦垂金》),总之,苏轼对爱侣一向有情。其二,为王朝云写的这"口号",乃本文出现的又一种宋代首创礼制,是皇帝生日等盛典由文臣进献、乐工致辞的颂诗,多用于宫廷筵席,也可用于皇亲贵戚等重要人物,如东坡写过《赵倅成伯母生日致语口号》。但用这种文体写贺同处流放中的姬妾,更可见这位陪伴南迁的红颜知己,在他心目中地位之重。(参见仇媛媛《与东坡为邻》等)

该诗前"致语"云:"海上三年,喜花枝之未老",指到广东已历三载,饱经风浪,但佳人无恙。说为朝云生日庆寿,是"好人相逢,一杯径醉"。这"好人相逢"四字,用最通俗的口吻,道出彼此相识相伴、相濡以沫的心情,颇是动人。说"聊设三山之汤饼",乃前记的生日吃长寿面。说"此兴不浅,炯江月之升楼",虽在贬中,也以心爱的人生日而有美妙的意兴与画面。正文口号诗句,写"罗浮山下已三春,松笋穿阶昼掩门",是对惠州贬谪生活的描述,即使落魄南荒,仍可有这样的静美场景,以及下面形容朝云"发泽肤光自鉴人",那样不被命运击倒的光彩照人。最后是"万户春风为子寿,坐看沧海起扬尘",借当地酒名"万家春"和时令,表达朝云生日春意盎然的吉祥,和静观世变的悠然。虽然,让人伤感的是此后不久朝云就抱恙病逝了,但有过这样一个共度的生日,这样一份虽只属文字却动情用心的礼物,该是他们岭南生涯的最美好回忆之一了。

至此可小结一下,仅是通过苏轼及其家人,反映宋朝的生日礼物(含回礼),就至少有这么一些:

纺织品:绢、帛、布。贵重物品:金银及其器具、珠宝。特殊用品:佛像、马、弓箭。文学作品:流行的诗歌、文章;宋代专创的功德疏、致语口号。艺术品:画、乐曲。生活用品:拄杖。也属生活用品,但在宋代完善和兴盛而带有其时特定风雅趣味的:香与香器,茶叶。饮食用品:羊、酒、米、面、果、药等。大宋之盛,即此细处可见。

最后是饮食类,首节举引的《就驿赐大辽贺兴龙节人使宴花酒果口宣》还出现了"花",让我想到今世常见生日送花,可多谈两句。另也为苏轼所撰的《赐大辽国贺坤成节使副时花酒果口宣》亦然,不过该文有云:"复致瓜花之侑。"侑指饮食,即这赐赠回礼的花,应该是宴席的一部分。但确实,宋代是有生日花事的雏形的,黄杰《宋词与民俗》之《寿词》,记宋人祝寿民俗其中一项,就是"以四时花卉草木为寿"。苏辙《李钧寿花堂并叙》,记菖蒲因传统属仙家、养生之物,被称为"寿花","菖蒲花开寿之符"。他另有《石盆种菖蒲甚茂,忽开八九花,或言此花寿祥也,远因生日作颂,亦为赋此》,则是将菖蒲花视为生日花了。

还有另一种情况,仍属首节的皇室话题。苏轼写过《兴龙节集英殿宴教坊词致语口号》《坤成节集英殿宴教坊词致语口号》,二者诗后的"勾合曲",依次列述皇帝、太后诞辰盛宴上的歌舞、杂技等环节,相当于表演脚本,其中"勾女童队"有"散花御路""宜召散花之侣"的细节。此后几种宋人笔记,详载北宋末年和南宋的皇宫寿宴之繁复排场,更出现了各式人等都有赐花的记录——可理解为皇帝、太后的生日回礼。如孟元老《东京梦华录》之《宰执亲王宗室百官入内上寿》,记表演者"执花""簪花";"宴退,臣僚皆簪花归私第,呵引从人皆簪花"。吴自牧《梦粱录》之《宰执亲王南班百官入内上寿赐宴》,记宴席上"赐宰臣百官及卫士、殿侍、伶人等花,各依品位簪花"。《皇太后圣节》,记仪式结束后百官"回府治锡宴簪花"。周密《武林旧事》之《庆寿册宝》,记甚至皇帝宋孝宗都这样簪花,因属他的父亲、已退位的太上皇宋高宗之诞辰,故"自皇帝以至群臣、禁卫、吏、卒,往来皆簪花"。

周密该篇还录了杨万里诗:"牡丹芍药蔷薇朵,都向千官帽上开。"——我在谈宋代男子簪花的《好花开满男儿头》中,引用过这两句,然则,连同上面几种笔记的簪花,都可另见拙文,在此不必赘述。只借苏氏兄弟的话说:祝愿天下人,花开寿之符,花枝喜不老。

> 2022年6月中旬、生朝前后起念;7月4日、农历六月六、北宋天贶节正式起笔;7月17日、小暑三候、入伏次日撰毕。

使君原是此中人

*

大宋花事

*

一

疫中岁月,相聚不易,有时候,草木就是惦念的寄托,见花如面。10月下旬,梁君入粤,发来一张照片:绿叶丛中,柔条枝头,一簇深红浅红的小花,五瓣开扬,花心向下,如一群从天上悬垂下来的小精灵在俯瞰撩人。她说:记得前年9月与许兄到莞,跟我去一个古村,见过这种使君子;这回没安排再来,但"看见这个花,想起问你好"。

真巧,微信遥语几句后,我吃完晚饭出来,就看到餐厅外的大树上,攀生着一大丛使君子花,红红白白地盛开,在夜色下灼灼夺目,有如花事知人意,代人致意。以此触动,我开始翻检大堆书籍,查阅使君子的资料。

看得兴味盎然,原来此花有很别致的来历和典故,而且虽非名贵品种,但以独特形态颇受青睐,甚至被放到极高的地位,如谓:热带亚热带地区"虽然名花佳卉缤纷乱眼,但要说到姿态轻盈、色彩艳异,大概莫过于使君子了"(祁振声等《观赏中国花木瑞草》)。如此,加上与自己的一些关联,是值得写写的。

我初识使君子,在八年前的9月,到农司任职不久,筹备创办《耕读》,首期拟写莞草,邀请杨宝霖老先生与农业文化小组一起去水乡看这种本邑重要植物。那天还见到水边有一架娇艳的小红花,问当地人,道是"水君子"。我很喜欢这个名字,但转头杨

使君原是此中人

※

老看见,即道正名为使君子,是从前给小儿治虫的良药。

插说一下,使君子除了下面另谈的原名,还有别名史君子、四君子等;清彭人杰等修《(嘉庆)东莞县志》记使君子:"俗呼水郡,音之讹也。"那几种别名也都如此。

到七年前的夏天,我把搬离的旧居改造成书屋,并在阳台栽花种菜,打造家居"微农业",其中就移植了一棵使君子;6月夏至,在朋友圈发微记"新花迎夏",包括使君子,当时还观察发现,此花在一天内会由浅至深变色——阳台农事后来没有成事,那棵使君子也再没开过花。不去管栽培催花之术,只以这一架绿叶荫窗就好。

而书屋的另一边书房窗户,正对着对面楼顶,有人种了一片使君子,覆满天台,是更丰盛的景观。写此文期间,有只小鸟飞临窗台花间,抬头将它与这电脑文档合摄,后方蓝天下就有那丛使君子茂密绿叶,可养疲眼。至于平素的结缘,是有时我的车子停在那栋楼下,偶尔小红花正好飘落在蓝色车身上,很美的颜色搭配,仿佛此花可人,投奔相依。

另一处的缘分,是这11月下旬,从住家到书屋经过河边,忽见一个"映画"工作室的门墙,攀满使君子花,开得绚丽恣肆,相映如画。以此路过喜遇,以及同时网购收到徐红燕《花开不记年》,内有使君子图文的佐兴,次日便着手整理本文。

以上顺带记述了使君子的一些性状,再具体一点为:这是一种藤本灌木,具缠绕茎,善于攀缘,是良好的园林观赏和蔽荫植物。繁花美丽,在枝顶密集簇生,花朵俯垂,因常生于高处,仰看之则有花瓣翻飞向上之趣;黄昏初开时白色,清晨转为淡红,傍晚再转为深红。果狭卵形,有锐棱角;种子是最有效的驱虫中药之一,对小儿肠胃寄生蛔虫症疗效尤著。

此外,我不厌其烦地录下看花的月份,是要说明使君子的花期,一般记载为夏季,甚至清陆祚蕃《粤西偶记》说它"遇秋则陨",不确,此花是可以从春夏烂漫开至深秋初冬的。

二

比起花期的异说,使君子话题中更需要展开谈谈的是名称,特别是前后两个主要名字。

就此,最先是明李时珍《本草纲目》做出权威疏解:使君子一名出于宋《开宝本草》,而"(晋)嵇含《南方草木状》谓之留求子,则自魏晋已用,但名异矣"。

靳士英主编《〈南方草木状〉释析》进而梳理指出:留求子就是使君子,首见于《三辅黄图》,成书于汉末至魏晋的此著,记汉武帝攻破南越国,在长安建造扶荔宫,"以植所得奇草异木",当中有"留求子十本"(按:冯广平等著《秦汉上林苑植物图考》

即据此收录了使君子);到西晋的《南方草木状》,则首先具体记载留求子"形如栀子"的果实形态,"治婴孺之疾"的果仁药用,和"南海、交趾俱有之"的产地。

中国科学院昆明植物研究所编《南方草木状考补》,转录李惠林意见认为:此物"其时方自(东南亚)海上传入中国,'留求'或是外名音译"。(按:李氏《检讨〈南方草木状〉成书问题》一文,力证该书就是西晋嵇含所著,并非一些学者认为的后人伪托,论据之一是书中有很多首次出现的记载,用的是"古老稀知而非唐宋时人习用的名称"。例证包括留求子:唐代未见著录,宋人只说使君子而不提留求子,"是唐宋时人似尚不知二者为同物异名,足征《南方草木状》所载为最原始的记录"。故不可能是后代虚构伪托成书。见华南农业大学农业历史遗产研究室编《〈南方草木状〉国际学术讨论会论文集》。)

至于使君子之首度收载,北宋初卢多逊等撰的《开宝本草》,记形态、产地与《南方草木状》相同,新增重点一是详录药性药效,首次明确"主小儿……杀虫";二是述得名由来:"俗传始因潘州郭使君疗小儿多是独用此物,后来医家因号为使君子也。"

关于郭使君,《南方草木状考补》的李惠林考释引李约瑟私人信件指是唐代人。杨竞生补按说,使君是古代州郡长官的敬称,《开宝本草》这个潘州,"唐置,治在今广东茂名",不是宋代所置的、在四川的潘州。靳士英《〈南方草木状〉释析》进一步言：唐代的潘州，在北宋开宝年间已并入高州，那么《开宝本草》中的潘州郭使君，"似应是唐时岭南潘州的守官"。但是，"此药是在唐以后才广为应用的"。意思是，"始因"之人为唐，然"俗传"即形成传说，确定使君子这个名字是在宋。

这得名的来历是清晰的，《开宝本草》虽佚失，但相关内容被北宋掌禹锡《嘉祐本草》等收载，特别是有《本草纲目》这种名著转引，本来不成问题。不过，后来又出现了一种新创的"俗传"，是因刘备称为刘使君的典故太深入人心（《三国志》所谓："天下英雄，唯使君与操耳"），以至于使君子被从寂寂无闻的郭使君那里夺来，其起源被与刘备扯在一起，衍生了活灵活现的故事，很多人以讹传讹写入书文中，不胜枚举，然均无明确出处可据。

使君子至今作为正式名字，但《南方草木状考补》的杨竞生考释指出，广东等地的使君子在明、清时仍有称留求子的，引清人赵学敏《本草纲目拾遗》的桃金娘条转引《粤志》所记粤歌"妾爱留求子"云云。靳士英《〈南方草木状〉释析》则引用更早的清初屈大均《广东新语》，直接有留求子一条，记性状、药效后谓"一名使君子"；其下一条是桃金娘，《本草纲目拾遗》那一条可能是从这里转抄过去的，屈氏记载了那首"粤歌云：携手南山阳，采花香满筐。妾爱留求子,郎爱桃金娘。"——靳士英说:桃金娘与留求子"两相对应,成为岭南山歌中男女恋情的美句"。确实,很有民间草野之美,像山花一样淳朴而绚丽。清李调元《南越笔记》也袭用屈大均这两则,却删去此歌,显得抄也抄得没情趣;徐红燕《花开不记年》则倒过来,把这民歌误记为屈氏之诗。又:歌中将留求子与桃金娘作为情人恋慕的象征物,除了两者花色花期相近,我想主要是以"子""娘"之名对应男女。但好玩的是,权威的中国科学院《中国植物志》第五十三卷第一分册,就是将使君子科和桃金娘科(还有野牡丹科)合为一书的,乃古代民俗与当代科学之可喜暗合。

就像留求子被用来与桃金娘对偶,使君子之名也有衍生别解。一是宋代流行的药名诗,拆分"使君"为主语,将"子"连缀后面字词来用,如王安石《和微之药名劝酒》的"史君子细看流光",谐音"仔细";又如黄庭坚《荆州即事药名诗八首》的"使君子百姓,请雨不旋复",此处"子"为动词,表示抚爱。(更多例子参见王伟论文《唐宋药名诗研究》。)

二是另一种拆分,取使君子的后两个字。方碧真撰《认识中国植物·华南分册》的使君子条,说:"这名字真优雅……开花清香灿烂,令人愉悦;种子又能治病,使人健康,真不愧是'君子'之花。"——这当然是对植物的过度阐释,但使君子的花和名,又真是别致到令人过目难忘的。

三

史籍中的使君子,还有些有意思的资料。

南宋范成大《桂海虞衡志》记广西"史君子花,蔓生,作架植之。夏开,一簇一二十葩,轻盈似海棠"。——其他典籍只对使君子的性状、药用、产地和得名方面作质实的记载,范氏这几句,是对种植和形态的最早的文学色彩描写,因而常被后代花书、地方志等移用。

在南宋当时,周去非《岭外代答》的使君子条就采用了范成大的描述,然后增补说:"白与深红相杂齐开,此为最异。《本草》谓开时白,久则红,盖未详也。"杨武泉《岭外代答校注》认为,所言《本草》是指北宋苏颂的《本草图经》。

《本草图经》记使君子,独特价值是述及产地的扩展、具体的生长环境,并首次指出其花变色的特征:"使君子生交、广等州,今岭南州郡皆有之,生山野中及水岸。……三月生花,淡红色,久乃深红。"苏颂是对的,使君子同一朵花的颜色会转变,但一枝多花,各自开放有前有后,造成同时白红相杂、异彩纷呈,周去非观察不细,误以为诸色"齐开","未详"的是他自己。

南宋陈景沂编《全芳备祖》,收录了翁元广一首《史君子花》:"竹篱茅舍趁溪斜,白白红红墙外花。浪得佳名史君子,初无君子到君家。"这是该书唯一的,更是遍检手头典籍仅见的专咏使君子之诗。翁是南宋人,该诗后被转引时却往往误称作者为无名氏,如清汪灏等《广群芳谱》,又如祁振声等《观赏中国花木瑞草》。不过,后者难得地对此诗有解释,谓最后一句中间的"君子"是指封建官员,不关心民间疾苦、冷遇这样的好花云云。聊备一说。

宋末元初陈大震撰《(大德)南海志》,有传世最早的、对广州及珠三角一带(包括吾邑)使君子的记述,所言乃糅合《桂海虞衡志》等。值得注意的是,该书与《全芳备祖》一样,按花、药等分类,但二书将使君子收于"花"("花部"),而非"香药"("药部")。可见宋人不限于本草书的对此物实用价值之认识,还重视其观赏价值(这是宋代本草医药和花卉文化两方面都达到高峰的体现)。

后代文献对使君子的归类没有统一,如明王象晋《群芳谱》所记,就收录于药谱而非花卉类。该书的描述,亦缀取前人之说,但在"作架植之"后有他自己一句:"蔓延若锦。"此语同样为后人传抄。

明李时珍《本草纲目》的"使君子"条,独到之处除了前面谈的名实疏解,还有谓"其藤如葛,绕树而上",指出此物常攀缘于大树的特性。他又说:"凡杀虫药多是苦辛,惟使君子、榧子甘而杀虫,亦异也。"由此,引申出治国齐家之道的感叹。

使君子的药效不限于杀虫,还可入多种方剂,署名苏轼、沈括的《苏沈内翰良方》即收录。顺便说一句,此书乃无中生有,而且这两个名字不应该放在一起。一来其主体是沈括原著《良方》,到北宋末、南宋初有好事者,将苏轼的医药养生类文字附入杂糅而成;二来,沈括学富而品卑,突出表现就是对待苏轼:本为老友,却以私人交情求得东坡诗作后,向朝廷告发当中有对新法不满之处,虽未成事,但开了苏轼乌台诗案的先河。后来,苏轼一度还朝高升,沈括竟又去攀附。这部本不成立的《苏沈良方》,并非沈、苏初衷,后人合并成书,也有攀附东坡名声之意。其中多卷旧题苏轼撰,包括卷十的妇人和小儿诸方,里面治小儿急惊、慢惊风的黑神丸,治小儿诸疳痢症的牛黄煎,都含有使君子,但各药方应还是出于沈括。

不过,使君子与苏轼有乡土的关联。苏颂《本草图经》的"使君子"条,图题为"眉州使君子"。其图文后来被北宋唐慎微《证类本草》转载。南宋王继先等《绍兴本草》,则有"眉州使君子"的新绘图。这两幅宋代使君子图形,均为眉州,可见四川眉山之盛产而具代表性。到后代本草书才出现直接题作"使君子"之图,但仍有明刘文泰等《本草品汇精要》的"眉州使君子"(吴征镒主编《中华大典·生物学典·植物分典》）。李时珍《本草纲目》也记：使君子"原出海南、交趾，今……蜀之眉州，皆栽种之"——然则当地一直是使君子产区，苏轼在家乡可能见过。

四

苏轼无论在四川还是广东，都没写过使君子花，不过，其笔下却有使君之花。

那是元丰三年（1080），苏轼被贬黄州时作《定风波》，词前有小引："十月九日，孟亨之置酒秋香亭，有双拒霜独向君猷而开，坐客喜笑，以为非使君莫可当此花，故作是词。"拒霜，是木芙蓉的别名；君猷，是徐大受的字，时为黄州知州，对落难的东坡厚礼优待。在一次小聚中，亭边有并蒂木芙蓉，花开的方向正对着徐君猷，大家喜笑说只有徐使君才当得起这么独特的好花。苏轼词云："两两轻红半晕腮，依依独为使君回。若道使君无此意，何为，双花不向别人开。"写木芙蓉如娇羞美人，一心只属徐使君——这也算花人之典了。

苏轼很喜欢木芙蓉，另写过《和陈述古拒霜花》："唤作拒霜知未称，细思却是最宜霜。"木芙蓉在秋季霜浓时"独自芳"，因此得名拒霜；东坡却认为，它其实应该称作"宜霜"。细味诗意，似乎是说：这花并非仅取对立姿态、拒斥风霜，而是与恶劣环境能相融相宜,在霜寒中照样开花——这才是更高的境界。他还有《浣溪沙》:"霜鬓真堪插拒霜。"把花型硕大、花色嫣红的木芙蓉,插戴于霜白鬓边,是令人惊艳的簪花风流。

木芙蓉与使君子一样,都会出现从晨至昏由雪白到浅红再到大红的变色,又都喜生水边,苏轼因徐君猷而将之视为使君花,倒也恰好相合。在此之外,东坡还有些记他自己身为州郡主官即使君,与草木相关联的诗词。

熙宁九年(1076),苏轼即将从密州转任徐州时,作《江城子》,记登临超然台有感:"人事凄凉,回首便他年。莫忘使君歌笑处,垂柳下,矮槐前。"临别之际,回顾人生多哀、时光瞬变,自己的快乐,终究在自然又自由的草木间。连他亲自修葺,可供超然物外的这座著名城台,似都不如垂柳矮槐能承载其难忘的歌笑,可谓东坡热爱草木的写照了。

元丰元年(1078),苏轼在徐州,因天旱伤农,他祈雨而喜得春霖后,再赴求雨的城郊石潭"谢雨",路上心情甚佳,作了六首《浣溪沙》。其二写沿途乡亲欢迎和欢庆的场面,妇人女子争相出来看他:"旋抹红妆看使君,三三五五棘篱门,相排踏破茜罗裙。"这些相排相叠的"红妆""红裙",恰如丛丛簇簇攀生门篱、热闹喜庆的使君子花。

其五更佳,全录如下:"软草平莎过雨新,轻沙走马路无尘,何时收拾耦耕身。日暖桑麻光似泼,风来蒿艾气如薰,使君元是此中人。"新雨后的轻软细草,暖阳中的茂密桑麻,风过处的蒿艾香气,这些生机勃勃的初夏草木,组成醉人的乡野景色,让苏轼再次道出一贯心声:什么时候才能隐退回到自己的农耕之身呢?("耦耕",《论语》言隐者耕作。)不过,就算仍居官位,他定义自己,即使作为使君,却原本就是耕作此道中人。

苏轼以世代农家自许(《题渊明诗》),也真的亲历农事(特别是在黄州的"东坡"耕种),他厌弃官场、回归田园的思想,是贯穿终生、时时说及的。如《庆源宣义王丈以累举得官……》,赠家乡眉州一位退休的前辈,用对方口吻而作自道:"吏民莫作官长看,我是识字耕田夫。"如《又一首答二犹子与王郎见和》,是在黄州时回顾自己的仕宦生涯:"质非文是终难久,脱冠还作扶犁叟。"这两首诗,在宁雯《苏轼的自我认识与文学书写》中,被与东坡另一"使君"之作联系起来,那是《与王郎昆仲及儿子迈,绕城观荷花……》的其四:"莫作使君看,外似中已非。"该诗用风趣语言写自己治下清平无事,可逍遥度日,赏花饮酒,让人们不要把他当官来看。宁雯将这几首作品,作为东坡"混迹民间""本质的复归"之表现,认为他"以自由散漫尽可能地解构使君的威严,引出对这一身份的否认。……更愿意像一名熟稔此地的普通百姓那样自在。……('识字耕田夫')是苏轼面对民间所采取的自我定义。……自觉地将使君、官长等身份与真正的自我剥离开来。……自认本质上并非官员,曾有的身份不过是外部的文饰"。在这种农耕情结和民间意识之外,我还可作一点补充:事实上,苏轼一辈子都没离开过官场(哪怕被贬仍挂着小官的虚衔),却也一辈子没停止过对摆脱官职、退耕乡里、做个闲散自在人的想望。这并不矛盾,因为"外似中非",有些人是可以身居官位,而心非官人,希望他人对自己"莫作使君看"的——对此,我深能理解。

不过,虽然一直有"脱冠扶犁"的向往,苏轼身在其位时,并没有敷衍职司,真的只顾山水花酒诗文间潇洒,而是总能认真尽责地做事,济世为民,所谓"唯有悯农心尚在"(王水照等著《苏轼传》记其主政密州、徐州一章的题目)。以在徐州为例,如果说求雨还属迷信,那他此期间治理黄河洪水,则是劳心劳力、成效卓著的实务:既有救灾应急的抢险行动,又有长治久安的具体工程,是令人瞩目的一大功绩。

故此到元丰二年(1079),苏轼从徐州离任时,所作《罢徐州,往南京,马上走笔寄子由五首》其二云:"父老何自来,花枝袅长红。洗盏拜马前,请寿使君公。前年无使君,鱼鳖化儿童。举鞭谢父老,正坐使君穷。……水来非吾过,去亦非吾功。"写当地人感念他治水造福地方,前来送别,而东坡不肯居功,作自谦语。其中有意思的细节,是"花枝袅长红",清王文诰《苏文忠公

使君原是此中人

※

诗编注集成》引前人注谓:"方俗送官罢任,以花枝挂彩,谓之长红。"——我想,官员离职,其实不需要俗套的肯定评价之类的官样文章,能有受惠者送上这样一枝花,就是最好的纪念了。

"花枝袅长红",让我想到使君子的形态。本文写至这"冬藏"时节,使君子花也退场了,谨以此寄托曾经的歌笑与辛劳,收拾旧身,等待明春新一个阶段的娉婷花姿。

> 2022年11月20日,在连日路遇使君子花,和探访本邑与苏轼、苏颂后人有关的两座苏氏宗祠之背景中开撰。而起笔后,是日随即接获体检讯息。自此,一边就自己身体和职业生涯的相关联两个重大变动,作抉择、应对,还有种种运作、准备,一边抽暇续撰。其间,仍有现职的本分忙碌,以及度过离开农司一周年纪念日。
>
> 2022年12月7日,大雪节气完稿,时距入院手术数日,距恰可以此终得退归亦当不久矣。写记这种既赏心又疗身,还正好有花外暗喻的植物,相伴这一特别时期,以此文作为人生重要转折的印记。

新春宋花书话

大宋花事

※

前年起至去年3月，写过一篇《以木成家，以花乐活——宋代花书记》，介绍关于宋代花木的时人著作和今人著述。时隔一年，又有一些新获，今春身变人闲，花好时静，得暇杂览，可再补充此话题，范围略比前文扩延，写法也更枝蔓散漫，是书、花并呈的读书札记。

一、与花作谱，图像寻芳

首先，围绕宋代花书这个题目，最符合"花之书"兼"书之书"趣味的，是日本久保辉幸《与花方作谱——宋代植物谱录循迹》（广西科学技术出版社，2023年1月）。作者对宋代植物谱录做了全面深入的研究，考定共有87种，连同前代的和相关的文献，全书考证了120多部书籍，并附大量珍贵图片。

2月21日、农历二月二花朝节购得此书，甚感合心，因作者的着眼点聚焦于书、人，并兼及花，多有可取。书方面，以文献学做考察，对诸谱内容和版本进行梳理介绍，乃至辩诬厘定；人方面，关注、查考谱录作者的情况，如谈到，喜爱草木的苏轼，为何除一部《酒经》外，不愿像时人那样热衷撰作植物谱录；花方面，解析、考论相关植物，如芍药在古中国和古希腊、古罗马都是与女性有关联的药用植物（可补充作者未及的一点：我以前写二月二、三月三时，曾转引宋黄朝英《靖康湘素杂记》记，《诗经》中春游男女相赠的芍药,还有堕胎避孕的作用)。一些综论中的闲笔,也能提出作者的独特见解,如指出:南宋"文人的隐逸思想已经与花卉谱录联系起来",是其他宋代植物谱录的论述未见的可喜之处。

顺带提一下,该书所属的罗桂环主编"中国传统博物学研究文丛",值得关注;丛书已出的另一本张钫《草木花实敷——明代植物图像寻芳》,也有不少上溯至宋的内容,如关于《履巉岩本草》的图谱。

王介的《履巉岩本草》,文字之外有我国第一部彩绘本草图谱,现存虽为明人转钞绘本,但仍可视为宋人画意,为此购收有此种的郑金生整理《南宋珍稀本草三种》(人民卫生出版社,2007年3月),欣赏宋代画家对草木施以丹青的集中展示。看到有酸浆草,精致可爱,正文中郑注其为黄花酢浆草,想起之前2月最后一天,我在街市路边偶遇过这种小野花。

《南宋珍稀本草三种》的第二种,王继先《绍兴校定经史证类备急本草》,也收有酢浆草,不过其线描图不如《履巉岩本草》的彩绘能直观反映黄花特征。此书,我手头另有《绍兴本草校注》(尚志钧校注,中医古籍出版社,2007年1月),对比之下,尚氏这个几乎同时推出的单行本,文字的搜辑要更完备,酢浆草即为一例。因之还看到去年4月的书扉小记,重温购书背景:一是书屋新添书柜,可专门集中放置宋朝之书,甚至本草书都可独立一格;二是继续防疫忙碌,且迎来新职的又一轮紧张工作;在这样欣苦交汇中,偷闲收览些花草书,并特地记下:"阳台花盆野生酢浆草,亦见本书也。"——我阳台的是比黄花酢浆草更常见的红花酢浆草,不过也可入药。

接着第三种,陈衍《宝庆本草折衷》,也读到同一植物黄、红花色之别,是"羊踯躅"条,节引北宋苏颂《本草图经》所记:"花似凌霄辈而正黄色……今岭南、蜀道山谷遍生,深红色如锦绣。"羊踯躅是黄杜鹃,而普通杜鹃为红色,"不入药"。这句"山谷遍生,深红色如锦绣",正是我在3月中旬得书前一日春游,呼朋唤友登深圳梧桐山,酣畅淋漓地看高山毛棉杜鹃的欢然佳景。

该书我是与《东坡养生集》(明王如锡辑,章原评注,中华书局,2011年11月)一起,购作手术后三个月复检之背景书的:已到本草养生之时了。但二书还另有所取,像后者为的是"饮食""方药"等汇集了苏轼一些草木篇章(不过,此版为选本)。

其中有《人参》,是东坡贬谪惠州时的种药诗《小圃五咏》之一,写人参从北地"移根到罗浮",虽"地殊风雨隔",却"臭味终袓祢"。译文和点评就此说:移植到岭南的人参,"其性味终究和原产地一样";苏轼"借此抒发自己不改本色的坚持操守"。然而,同时对看《南宋珍稀本草三种》,郑金生在《履巉岩本草》

的《校注后记》讲述他考证原著创作地点时,首先困惑的就是第一幅人参苗图:人参是北方植物,作者所处南宋境内不可能有正宗的五加科人参;后来考定该书撰绘于杭州,此惑转忧为喜,因对照药图,作者画的是当地一种土人参,即伞形科的粉沙参,而不是真人参。那么苏轼所写,亦当属这类。撇开名实细节,苏诗有一句"开心定魂魄",虽然本意是人参能开人心窍,但以字面视之,正是我所处景况的好话:且以草木,求取开心,安魂定魄。(又:《东坡养生集》所收,除了这类药疗食疗等"养身"文字,还有大量精神情志方面的"养心"之作,如记游的《后赤壁赋》。苏轼该赋描写攀险石、穿草木的情形:"履巉岩,披蒙茸。"应该就是《履巉岩本草》的取名出处。)

许玮《自然的肖像——宋代的博物文化与图像》(中国美术学院出版社,2022年3月),也专门介绍了《履巉岩本草》等上述本草图谱。此书去年曾购,今春再买后才发觉买重了,颇感从前公务忙碌无暇读书之失,3月6日惊蛰兼农历二月十五花朝节得书后,将复本赠人,即立愿起读。

作者很好地讨论了书名副题的内容,有总,如对宋代博物学的兴盛原因,做了全面论述;有分,以个案深入分析,梳理相关文献书图的沿革(并附大量图片)。此外,顺笔考辨一些植物,亦颇见细致功力中的功夫,如指认旧传杨婕妤皇后所绘《百花图卷》

中的及不少宋人诗文中的阇提花,是南国的狗牙花。这种名恶但花香的村俗植物,我也曾留意,很高兴看到本书提出这个意见。此花我在家居旁的村落看过和记写过,现在这个惊蛰花朝,则在同一古村、相似背景下,闲赏了开得漫天火红的木棉。

二、阳春三月又读诗

因该书的介绍而牵藤绊瓜,延伸新购了一些宋人诠释《尔雅》《诗经》的著作与图像。

郑樵的《尔雅郑注》(中华书局,1991年),《自然的肖像》评价为:"以研究动植物的实证方法重新解释儒家经典","对动植物的考释往往较前人更丰富而准确"。读"释草""释木"两卷,有多条与莞草有关。恰好,本地电台从2月起推出"寻耕东莞"系列,选录昔年我在农业部门所办的《耕读》精华,通过电波再次传播本邑的农史、民俗、乡村风情,第一期是整合创刊号上的莞草专题,包括我所撰《莞草小札》的内容——离开农事后,仍不时有这样的旧痕流传,甚感欣慰。我那旧文引用和辨析了《尔雅》的记载,现看郑樵所释,是能侧面佐证己见的。类似的,还有晋郭璞注、宋邢昺疏的《尔雅注疏》(王世伟整理,上海古籍出版社,2010年10月)。

王质的《诗总闻》(商务印书馆,1939年12月),"体现了宋代博物学将研究与审美相结合的特色",是"别出心裁"之作。我重点选读《七月》等诗之释,缘起于之前买了马和之《诗经豳风图》(文物出版社2017年8月)、《诗经小雅鸿雁之什六篇图》(文物出版社,2017年5月),想看看宋人怎样描绘《诗经》中的草木,其中《豳风》的《七月》,马氏画出了伐桑、采蘩等场面,但那些女子采在手中的植物,是程式化画法,看不出具体品种。

为搞清楚"采蘩",先借助1月中旬春节前又购聚的一批《诗经》草木专著中,赵倩的《〈诗经〉〈楚辞〉植物考》,该书有较详尽的文献征引,包括取《尔雅注疏》的意见及对郑樵《通志》的意见做指谬,得出结论是:蘩,即白蒿,今以此为名的植物很多,作者认为《诗经》中的蘩是一种可食用的湿生蒿类植物,古代还常用于祭祀。

再看《诗总闻》,关于《七月》的"春日载阳……爰求柔桑。春日迟迟,采蘩祁祁,女心伤悲",王质谓"女见(春天)物变,觉年长,所以伤悲,人常情也"——《自然的肖像》说他同时是个诗人,因而"在学术叙述之外见性情",此亦一例,让人在严肃的经学诠释中感受到情味。往下的原诗:"蚕月条桑,取彼斧斨,以伐远扬,猗彼女桑。"王质谓:"采桑止取叶,不伐条也。"则体现了博物学的严谨,否则人们看到马和之《诗经豳风图》中那男子举起长斧伐向树木枝叶的情景,还以为他是在砍树。

大宋花事

另购相关书中,有苏辙著、乔东义等校注《苏氏诗集传校注》(安徽师范大学出版社,2022年1月),按同时购郝桂敏《宋代〈诗经〉文献研究》所评:《诗集传》特色之一,是回归文学,"从《诗经》本文出发探求诗旨"。而我还看到另一种可喜,是兼备名物之学,如对上引《七月》关于桑几句的关键字词,苏辙释曰:"枝落而采之曰条,取叶存条曰猗。……少枝长条曰女桑。……其远条扬起不可手致者伐取之,少枝长条不可枝落者猗取之。"——比王质所注更具体,将这种春天的农事劳作讲解得很明晰。

多年前我已欣然感到:"阳春三月宜读'诗'。"这个3月又杂览了不限于上述书的一些《诗经》草木内容,再记一则并非新书的:蔡卞《毛诗名物解》(四库全书版今人影印本),这部宋代《诗经》研究中少有的名物训诂专著,我是在开始沉迷宋花的2020年春天所购,其释"蘩"曰:"洁可以生蚕。"看来《七月》中的女子采蘩,不是为了食用或祭祀,而是与桑叶一样,用来养蚕的。这样几种书合起来,那个远古春日的万物场景,乃得鲜活地呈现。

上面嫌马和之未能准确反映植物,但也许其志不在此,正如今版所收入的画谱系列名,重点是"宋代人物篇"。真正的植物图像,要看花鸟画,这一领域亦以宋朝为高峰。相关画册买过不少,近又以一本故宫博物院编的《宋代花鸟画珍赏》(故宫出版社,2014年10月),作为公历新岁元旦后的开年书之一。此书的价值,是将北京故宫所藏宋代花鸟画80多件全部收录。赏览一过,虽基本眼熟,也有新体会,如旧题姚月华《胆瓶秋卉图》,在清雅婉约的原画和宋宁宗题诗"秋风融日满东篱,万叠轻红簇翠枝"之外,这回留意到对幅上的乾隆题诗:"花似菊而红,叶则迥然异。自题属东篱,殊难解用意。"他认为画中的花色和叶态都不应是宁宗认证的东篱之菊。但我想,以宋人的格物精神,以宋代花鸟画主流的严谨写生风格,以宋宁宗的文化修养,不大可能是随便乱画乱题,也许那是宋代发达的花卉嫁接杂交技术培育出来的特殊品种,后来失传了,才令大清皇帝都觉得难解。

手头有多部宋人菊谱整理本(《以木成家,以花乐活——宋代花书记》),不欲专门去翻查,只取与《宋代花鸟画珍赏》同在3月中旬所读的邱志诚《宋代农书研究》(凤凰出版社,2002年6月),其中对菊谱的综述,即一再提到:宋代栽培技术的进步和普及,令菊花更新迅速、品种激增;在"变态百出"(刘蒙《菊谱》)中,引范成大《菊谱》记有一种五月菊,"叶似同蒿"——则乾隆困惑的叶子异于普通菊花,在宋代也不是问题。

三、红红绿绿的岭南

这部《宋代农书研究》,亦属上佳的"书之书",是对宋代农书的首度系统性总结,综述与分论皆全面、深入,多有突破和创见,包括发掘新增了大量书目,按其搜寻考证,宋代农书达255种(比之前权威书载的数量多出一大截),论证了宋代又一领域的鼎盛。

农书,自是我因长久心系于农事经历而一直关注的,现在且先读当中涉植物部分,包括作物类38种、园艺类58种,还有其他类别也包含了草木。邱志诚对诸书的内容、版本、作者,乃至重点植物,都有扎实的考论,读来颇多收获,除了上面的菊花,再分别举些例子:

关于书,我前面记的中华版《东坡养生集》为选本,本书则列出了原著的植物食材,可补前者不足,等于一份小领域的苏轼草木统计。关于人,在谈张镃《张约斋种花法》时,所附小传剪裁各方面史料,勾勒出这位"张家好子弟"的生平,令我对其有更深的认识和好感。

关于花木,在谈范成大《桂海虞衡志》的榕树时说:"(范氏)未再重复西晋嵇含《南方草木状》以来的'无用'之论,这不仅是对榕树的'用'有一定认识后的改变,也是立国于南方的南宋人文化心理变化的一个结果。"是主题之外的敏锐观察见解。这样可喜的闲笔,还有谈同书的红蕉花时说:"红蕉即美人蕉,原产美洲、印度、东南亚等热带地区,由此可见(宋代及之前)两广与海外的物质文化交流。"

说到红蕉,可引出另一本书中的宋花:侯艳等著《唐宋诗歌中的岭南》(九州出版社,2019年12月)。该书的主题、立意颇合我心,角度、观点多具可赏的新见,包括大量岭南植物内容。我从旧书网买来的一本,还有独特的书外细节:从书衣到书名页等各处,凡出现两位作者名字(另一人为梁欢华),均以胶纸粘贴遮蔽,书中还夹了一份内容提纲和专家审读推荐意见,估计这册应是申报成果的送审样书。看那份评议打印件,相关专家还是很客观的,在肯定的同时也实打实指出一些不足之处,像胡大雷的意见最后说:"个别概念还需要进一步辨析,如'红蕉'是红色的芭蕉还是美人蕉等。"——我去年清明节购得,在当时重头戏的加班后,清清明明的书屋之午,喜作书扉小记,谓:恰好,就在专家签署这意见的2020年春天,我所撰的《鼠情花,镇疫草》,已引证辨明红蕉即美人蕉,是亦可一乐。

因聚书录所记那种背景,此书直到今年3月才正式读过,益感确实做到了书名的立论:很好地论述了唐宋诗人构建的(及真实的)岭南,与岭南对唐宋诗歌的构建。其广征而细议,特别是关于荔枝、梅花、芭蕉,都是我也写过的,其所述有己未悉之新得,也有未如己分析之深者,这样的对照之读,很是好玩。

除了上面几种独立专节,全书处处也散布着岭南纷繁的花木，如关于"岭南的色彩：绿与红"。作者谈绿的代表是榕树，先引柳宗元《柳州二月榕叶落尽偶题》——我以前已写过，这种春天脱叶的是大叶榕，它一边有满地落叶如铺金的壮观，一边有满枝嫩叶喜新翠的生机，3月12日植树节，我去看住家附近河洲上夹道大叶榕间的一场时装秀，就是以此岭南特有的秋景春色交汇，取"落叶即新生"的寓意，甚感暗合自己的现状。而3月1日，以一种恰当的方式打开这2023年3月：往佛山三水，做手术之后，新年以来首度市外游。没有周详准备，临时随兴乱逛，却又非常相宜相愉，其中在江根村的三江汇流处（三水地名的由来，据说还是珠江三角洲最初形成之地——种种与今年年份"三"的对应），看水看花一直浪荡到夕阳西斜，累了就在江堤上一棵大叶榕树下倚坐歇脚，广阔浓密的满树新绿，透过落日金光，春风吹着脱换的叶芽不断纷纷落下，枝间小鸟不停地啼鸣——我静静地领略这样的春意，久违的情味，恍惚如重拾少年的美妙时光……

关于岭南"万物一碧"中的榕树，作者又引宋胡梦昱诗："赢得榕阴浓密处，忘言默坐对炉香。"则让我想到3月初连续第二次去佛山时，在顺德容桂的水乡，坐在河边那些更常见的细叶榕树荫下抽支香烟，一刻的悠闲——虽然，也是在此行，忽然深切感到，我们现代都市人是无法真正回到传统的纯粹乡村生活了，但不时有类似这样的小小抽离，已足快慰。

然后,作者再谈南方真正的颜色红,典型植物为红蕉,中间有一语:"红蕉指红色美人蕉。"这就奇怪了,上面记胡大雷的审议意见,为何批评没有辨析具体概念?也许,他对此处的穿插之谈没有留意,而只关注后面的"雨打芭蕉"专节吧,那里确是讲到红蕉而没再注明。

"荔子如丹橄榄青,红蕉叶落古榕清。"(宋李洪诗)这本《唐宋诗歌中的岭南》在谈"岭南滋味"时,与众不同地认为,对唐宋文人影响最大的蔬果不是甘美著名的荔枝,而是苦涩的橄榄,宋代诗歌有大量对橄榄先苦后甘特点的描写,他们是因之联想到岭南的贬谪遭遇,上升到对人生苦难的哲思。这里顺记为植树节应景所购,并非宋花专论的《古代文论中的草木象喻批评研究》,王顺娣此著也指出宋人文论中,出现了两个新鲜的草木象喻,一是橄榄,二是茶,体现了宋代平淡内敛的审美;另该书对《诗经》中的桃作为神性草木象喻的宗教观念背景,亦有独到之见。

四、桃源梦与田园心

桃,以及桃花源,是中国传统文化的重要意象,杨宏《宋代诗学视域下的桃花源主题》(中国社会科学出版社,2016年9月),就此做了甚佳的论述。该书在文学研究之外,还谈到桃花等植物,乃至指出除了桃,桃花菊在宋人诗中的出现频率也很高,"这大约是因为桃花是陶渊明笔下最具代表性的物象之一。菊,是陶渊明人格的象征。桃花菊集合桃花和菊花的特点"——由此知道还有这么一种菊花。

因为桃花源的象征意义,该书有陶渊明等隐逸文学之论。至于不能真隐于桃花源的,作者指出苏东坡《和陶桃花源并引》等作品,"对桃源进行了全新阐释——吾心安处即桃源","使桃源转化为客观现实与主观世界的混合体,由此桃源与现实从对抗走向融合"。又引陆游《遣兴》"久矣微官绊此身……清闲即是桃源境"等,说:"心中的桃花源使诗人在现实与理想的巨大反差中找到了一个支点。"进而,"桃花源解决了宋代文人在现实与理想之冲突中遇到的重重障碍,平衡了他们在出仕与隐逸、现实与理想的对立中产生的矛盾心态"。颇可启发。

我 3 月初购读后,结合近况,只归纳为一句:"桃源本难觅,但喜看花开。"以此为题发朋友圈,用的是今春山水间两度看桃花之照:得书前一日,三水三江交汇岸边一棵花枝飞扬的清艳桃花(这个 3 月,"旧时风物"月历用的是宋徽宗《桃鸠图》);2 月 4 日立春,本邑水濂山满坡烂漫红染的浓艳桃花(这天,"岁时记"日历用的是苏轼写于海南儋州的《减字木兰花·春词》,我当日启览了从海南旧书店购得的东坡该词手书拓片,这首"染得桃红似肉红",是他在己卯兔年立春所作,今年恰是癸卯兔年。)

新春宋花书话

＊

桃花源,除了自然的实景和营造的心境,还被古人安置到两种园中:田园与园林。对宋代这两方面,也都有不俗的专著。

刘蔚《宋代田园诗研究》(人民文学出版社,2012年12月),我读于3月21日春分到次日闰二月初一,颇多有意思之见和与己相通之处,在在可喜。之前1月下旬春节期间,曾携蔡丹君《见南山——田园诗史话》、王步高《历代田园诗词选》到本邑南部山区读以开春,亦有涉宋人内容,但不如本书能从各方面、各角度、各题目,进行深入研究和大量举引,草木就是其中一个重点,作者将植物作为田园风光的要素之一来考察。在比照晋、唐时,列出了陶渊明等人的草木意象清单,继而指出,前代田园诗罕见的一些物象纷纷呈现于宋人笔下,而且不像晋唐的侧重观赏性植物及常见的、泛称的花草,宋代田园诗更多写到农作物,还出现了很多冷僻的草木和具体的品种,也均作列举和分析,认为背景是宋代的实用审美观、博物学风气,以及农业经济的发达等,我想还应与当时植物栽培品种的丰富发展有关。

我此前因"耕织图"延伸关注到"一犁春雨",刚在3月中旬补写了《耕织图说》后记,旋即从本书读到这方面的专述,考证此语的成型最早见于苏轼《如梦令·有寄》:"江上一犁春雨。"所举受此影响的作品,如苏辙"雪覆西山三顷麦,一犁春雨祝天工",毛滂"一犁春雨种瓜田",赵葵"一犁春雨足生涯,黍稷桑麻已满略"——同时出现的粮食蔬菜经济作物,亦可为上面论述之证。

该书我是与欧阳修《归田录》(校注本)、《宋刊陶靖节先生诗注》一起启览的,以己的心系和近况,叹息"田园将芜胡不归"……到写此文至将毕的4月1日,个人务农纪念日,恰好得知有处乡村在举办插秧节,惊喜凑巧相宜,即赶到那熟悉的旧地。青山前的稻田里,村民在比赛插秧,是那样一种农作风情和人们热闹欢聚的场景;另一些水田里,绿秧已初成行列,连片青翠碧绿;周围种种果树盛花初果,农妇在摆卖自家菜蔬,以及处处春鸟翻飞,诸种好景,可为"归田"之乐。携去新购的清代梁章钜《归田琐记》,路上看其自叙:"归田之入诗,莫著于苏文忠公(苏轼);归田之名书,莫著于欧阳文忠公(欧阳修)。"他遂将退休后所撰的这本笔记取此书名,然而,他却"虽归田而实无田",只能是用作致仕的代称。读到这里,不由得心里一宽:连梁氏这样毕生为官的大员,那么有条件都"无田可归",我也唯聊存"归田"的意思就好了。

田园指代的乡村我们难以归去,那么园林也算一种填补。侯迺慧《诗情与优雅——宋代园林艺术与生活风尚》(浙江人民出版社,2022年10月),是这个话题的佳作:以宋代诗文为核心资料,来反映宋代园林,这一研究特色甚合我心。

这是为3月12日植树节所购的又一种,即日读其中的花木内容,有所特见,也有趣味,如记以桃与菊接枝产生的桃花菊——之前从《宋代诗学视域下的桃花源主题》认识的此物,在这里读到稍为具体的介绍(作者指出,类似桃花菊等"宋人从事的花品改良创造工作,其具体仔细的内容并未被完整记录下来,今天只在一点诗歌资料中见到一二"。这是以诗证史的很好的例子,也是本书以文学作品为主要依据的研究方法之可取一例)。

该书亦谈到桃花,还说宋人在园林中栽种桃树使其成为桃源的象征。但是,因为宋代淡雅的审美意趣,桃花在宋人几种品花著作中,地位不高甚至根本不提。

五、幸遇杂花,提纯新春

这见于一本今名《花九锡·花九品·花中三十客》之书(付振华等译注,湖北科学技术出版社,2022年1月)。由该书另一译注者程杰主持的"中国历代园艺典籍整理丛书",独具慧眼于主要收集花卉文献中篇幅短小者,即难以独立出版者,通过专业发掘而作普及。其中这本,是"花品"类小型专题作品汇集(以宋代占比最重),我去年6月端午购览,得了些应节的花间小趣,今春3月又重读,益感整理者之功:所收皆零碎篇章,却正因此,辑录为一书更有意义,见出通行名著大书之外的宋代花文化之一斑;每种的解题、校勘和注释,都非常认真严谨,特别是对作者和原著的考证,能澄清前人的矛盾分歧,也能点明原文中的微妙意蕴;还对花木做了很好的辨正,乃至引申说明。

下面以该书一些有意思的宋人"花客""花友"品评,对应新年以来所赏的(除了前面已记的)几种主要花木,略见宋花书趣,也见此春留痕:

橘花。程棨《花中五十客》称之为"隽客",是少有对此花的独特赋名,因人们一般只取橘果食用或欣赏。不过,唐宋诗人已也关注到这种细小洁白、沁人心脾的香花,我以前分别记写过柳宗元的"几岁开花闻喷雪",苏东坡的"门外橘花犹的皪"。在1月中旬小年日行花街时,按岭南风俗买年橘(广东人称作"大橘",寓意"大吉")过春节,我挑了一盆在满满当当金果中有几朵花的,喜其有花有果的吉祥意思。而前两年的年橘落果后,置于阳台任其自由生长,不但继续结出浑圆鲜黄的果子,就在撰写至此的4月初,还惊喜见其又开了雪白细香的花儿,真可以译文的隽语视之:"橘花是有隽才的客人。"

石榴。姚宏《花中三十客》称之为"村客",《花中五十客》改之为"妖客"。石榴是我去年端午购得该书时觅读的应时之花,而1月下旬春节期间去山区过节,在一条村中无聊逛逛时,见到人家门前有石榴,居然反季节地既开花又挂果,皆艳红喜人。岭南地热，花果乱生，此景恰好见出此物的"村客"风味，以及正面的"妖"意。

李花。《花中五十客》称之为"俗客"，注译者居然认为"有一定道理"，这是我极抗拒反感的。虽然，注释中就"李花是粗俗的客人"做了具体说明：指"入宋之后，李的地位急剧下降"；引《诗话总龟》，说对于林和靖写梅花的"疏影横斜、暗香浮动"名作，苏轼曾评论这意境是杏花李花"不敢承当"的；又引苏《再和杨公济梅花十绝》其二"天教桃李作舆台"，即桃花李花只配做梅花的奴仆云云。如果这样，那在此问题上我连苏东坡都不能同意。我以前写韩愈等文字中，谈过李花脱俗之美和我的情感。而今春，则三度喜遇李花：

1月24日兔年初三，隔了公历农历两个新年首度出门，即前述到本邑东南边陲过节，"见南山"之余，还偶见老村的无人角落有棵李花正静静地开得好，枝扬花盛，在旧民居的衬托下如画动人。走近拍照又见到，花下还有一只狗在嬉戏，逗弄和闻嗅垂枝上的花朵。到撰写至此时重温照片，放大才发现，后面的灰墙窗洞原来另伏着一只猫，在注视着犬与花，更添趣味。

回来后的1月27日，在市区看迎春兔子主题展等，路上偶遇亲戚，乐而一起游园。古老的可园水边幽径，又是因路过而碰上一树李花，亭亭玉立，既繁盛又清丽。

大宋花事

*

2月19日,正月最后一天兼雨水节气,我到乡镇游玩,在古村里看炮仗花,在田野里看波斯菊,而花田边有两棵李花,亦相映亮丽,同属这佳日的添兴。

这个春天,这里那里都邂逅这些洁白的李花,至为有缘之喜。虽然,最后在花田戏耍时,我想将手中气球绑在那李花树枝上,却一时捉不住,让它脱离我的牵系飘走,过后想来是个遗憾的象征……

山茶。《花中五十客》:"月丹为豪客。"注译指:月丹是山茶的别名,山茶花大朵红艳,如豪富之人,因而"山茶是豪爽的客人"。这独特评语的注脚,是2月上旬,书屋院中的两丛山茶,枝头花仍密集,地上则落满浓烈艳红,想到所谓烂漫、绚烂、灿烂,说的就是这种开到烂的效果了。现观此语,感到山茶确实就是"豪客"。关于此花,还有1月10日腊月十九、苏轼农历生辰,以同属从海南购得的、唐寅绘苏轼海南遇雨故事的《东坡先生笠屐图》老拓片等,以及雨中山茶,私为东坡庆生——当天冒雨去看幽静一隅的那些火红山茶初绽,恰贴切苏轼的《邵伯梵行寺》:"山茶相对阿谁栽,细雨无人我独来。"此亦相宜的"寿苏"。

紫玉兰。《花中五十客》:"木笔为书客。"注译指:木笔即辛夷(按:亦即紫玉兰),花未开时苞有毛,尖长如笔,因而"木笔是善于书法的客人"。这个比喻很风雅,我以前撰《木笔抄书说木兰》,也是取"笔"之喻。家居河对岸有棵旧相识的紫玉兰,2月上旬路过赏之,为"沈郎草木"开始统稿佐兴。后发现稍远一点的滨河还有一排紫玉兰,2月14日情人节往观,为的是这天农历日子,苏轼有《正月二十四日,与……同游罗浮道院……》记:"瘴花已繁红……嬉游趁时节……更作临水禊。"该诗写于广东,古时视岭南为瘴气蛮荒之地,故东坡称所见为"瘴花";"临水禊",古代风俗,在水边祓除修禊,即洗涤沐浴,以去除不洁、辟邪消厄、求取吉祥,最著名的是农历三月三上巳节,而东坡在正月二十四这天也做此"洗业障"之举。我正好以当日河边的"嬉游",作为术后新春的临水修禊。观赏诸树怒放的"繁红"花朵,也特别指点其间的花蕾,闲话这有如毛笔笔头的样子,就是"木笔"的来历。

蔷薇。张景修《花中十二客》称之为"野客",注释谓是因蔷薇常生于溪畔、路边,且枝条有刺,而译文说是"村野隐逸的客人"。将有如娇弱丽人的蔷薇形容为此,特别是"隐逸",意思似有点外延了,不过我以去年年底以来的心情而喜欢。3月上旬的春夜,正式恢复去年那种都市浪荡夜游,曾遇嫣然妍艳的蔷薇,亦可一记。

月季。《花中三十客》称之为"痴客",注译者解作"月季每月开放即为人所折去,而仍开花不绝,似痴心不改","是痴情的客人"。我在2月写的《谁说花间不值得》曾记去年12月事:入院前,赏看了家里的黄月季;出院后,喜见那黄月季又开得娇妍。现在恍然,原来此乃月季痴心不改的表现,是又一种"我等着你回来"的花木。自家月季,入春以来仍一直开着,但更盛大的是,3月下旬第二次到深圳,看月季花展,种种沾雨的红黄橙白,洵为与蔷薇同属"殿春"的丽色。此行另一值得记取的是,在展览的三个展场中选了香蜜公园,发现附近有间"归隐酒店",为这名字大合心事而入住。再有,在香蜜园看过月季后还踱到一片龙眼林,也在盛花期,蜜香沁人,原来这里以前是农科中心,故有这样的果林遗留。遂感叹:我本该归隐到这样有果实的农作物之花中的……看来我也是"痴客"吧。

杜鹃。《花中五十客》称之为"仙客"。本来这个名堂不属于杜鹃,《花中十二客》说:"桂为仙客。"另曾慥《花中十友》谓:"仙友者,岩桂也。"这仙客桂花,还有名称相近的仙客来,均为兔年新春前后身边常伴,皆亦记于《谁说花间不值得》。至于杜鹃,本书注译指仙客之名或来自杜鹃有花神女仙的传说,但于我,却是贴身亲切的花友:自家一棵树型别致、三杈皆花的杜鹃,今春长期盛艳,陪伴过本文所记第一本《与花方作谱》等书卷之聚之读;3月初第二次到佛山时,看禅城的锦绣杜鹃,甚感"粉红骇绿,便是禅意";更难忘的兴味,是前面谈过的,3月中旬第一次到深圳的梧桐山之行,如当时发朋友圈所言:"三个月后,首次重启高强度运动量,只为这一山的杜鹃。"近日,江北客兄写了一首歌词新作《每当我们和美好的灵魂相遇》,里面化用了我这句话,和另一句微言"我们仍然要快乐",但我更欣赏他的主题语:"谢谢你们提纯最好的那个我。"

——这篇文章已漫长得如同这个春季,就借此意结束吧:谢谢你们,在漫漫生涯里,提纯出最好的那个我。要致意的"你们",包括如上面写记的书籍和草木,也包括背后隐记的真实的人,更包括当中见出的命运和时光。是的,要经历种种洗礼、析离、过滤、沉淀、蒸馏、浓缩、去除、锤炼,方能萃取、升华、结晶出纯净的生命本质。我自感,此文本身或不值一提,但所谈那些花事和书事,可以折射自己最好的一面。以是,感谢一切的所遇。

> 2023年3月22日、闰二月初一晨,开始徒步新生活模式之后——4月5日清明、春雨夜。

草木苏州夏

大宋花事

＊

催动我在懒倦中着手写此文，是因戴蓉君已着先手，其《夏至忆苏州》见报，所记种种清凉妙意，包括通过我此前的旅途朋友圈，先代为小结了苏州行程，甚感友心。当中转述我查阅得来的苏州之名起源：远古有位"胥"被封到这里，人们取近音而更吉祥的"苏"做地名，因繁体字"蘇"由草、鱼、禾组成，可喻此鱼米之乡。——这同时也注定是草木之乡，更可让我从植物的角度略记孟夏重游苏州印象。

6月中旬这趟个人的"新生之旅"，首先瞩目的花是夹竹桃，沿路处处繁盛之至。尤其新历生日当天，行程因变得利，恰可喜获两度红白养眼：中午在苏州下辖的张家港，长江边数丛红花绚烂，高挑地迎向炎日大江；傍晚抵苏州古城，平江路的河边两三树白花怒放，繁密壮观有如一片雪堆，艳压周围的小桥流水白墙黑瓦，晚霞中好看得令人惊叹。此后城中晃悠数日，亦时时撞见，如带城桥前有一棵红艳，同样簇簇成团垂压水面，与枕河人家一起，合为静谧而热烈的佳景。

此行最后一夜，在新区的诚品书店，遇到自己的《笔花砚草集》。该书首篇《生生不息夹竹桃》，写早些年生日前后的6月、夏游欧洲所见此花，并引用清人谢堃《花木小志》之记夹竹桃，盛赞婆娑美态，谓"回视江南草木，真愧偏耳"——这当然是极端之言，实际上，即使是炎夏，"最江南"的苏州亦众多草木各逞其美,本文只选记若干。

仍是"新生"那天(正如友人恰好的贴心概括:此乃我卸下重担、重获新生后的第一个生朝),早上是特意自设的仪式感:携美国甘德的诗集《新生》,赴本姓之地张家港,访包含本名的两个"永"字庙宇,作自寿庆生。其中清幽的永庆寺,清新的朝阳下,有首次观孔雀开口歌啼之乐,还有洁白丰腴的荷花、玉兰,金黄剔透的金丝桃,衬托这"南朝四百八十寺"之一的胜迹。——与夹竹桃一样,都是当下江南常见的好花。

此外,仅以因客栈地利而多次走过的平江路为例:很多阿婆摆卖白兰花串、茉莉花串,为这江南香花传统风俗而帮衬。(行前购聚的《苏州长物·树》,有记这种每年夏季苏州的卖花声,买了配在身上的"白兰花香味可以说是苏州女人的味道"。)沿河遍布的槐树开着密集细碎小花,映衬南张家桥、中张家巷等本家古桥古街。一处槐花下几丛木槿的紫色大花,在夜色下交映亮眼。(我偏爱的大唐公子张祜,是有苏州背景的本家,经常写到木槿;行前归后览宋刻《张承吉文集》等,他有句"红满夜庭花",亦我夜游姑苏之屡见。)一间菜馆外的风车茉莉长得颇壮,攀墙而开,绿叶白花掩映着门边的"浮生一梦"字样。(戴君那篇"夏至"也忆及此物。)攀生得更盛大的是凌霄,在小资店铺的旧房屋檐,橙红成片成串(周瘦鹃《姑苏书简》里说,这是他的生日祝寿花之一);

大宋花事

*

一棵大树亦攀缘垂生此花,花下树前有档摊在卖枇杷杨梅等时令果子。——种种皆如画。

花之外的诸果,只说说黄李。苏州有一今一古两位文人,是我这趟特别想参访遗迹的,都在门口遇上这种果子。

今人是花木文字令我会心的周瘦鹃,专诚去看其故居紫兰小筑,但因不是对外开放景点,没能进入,只携为此行而购的那本《姑苏书简》,绕屋半圈做致意。但这闭门羹吃得也有点植物气息:门前粉墙下,一个姑娘在摆卖黄李,说是从此物的盛产地洞庭西山而来、自家所种。嘴馋买了点吃,见装李的箩筐有红漆大字"祖康",问那姑娘什么意思,她骄傲地大声说:"是我爷爷的名字。"有点相信并非批发转售、而真的是乡下农家自产了。那李子确实很甜。(后来,我留意到街上很多挑担卖水果的妇人箩筐,也有这种姓名漆字,应是当地习俗。)

古人是作品、行迹颇对口味的南宋范成大,他晚年退居石湖(并自号石湖居士),城郊那一带遂为著名的隐居胜地,上次来过但旅痕不深,现在亦作为专门行程。环湖通览连绵山水佳景,经过纪念他的范堤,看过他《夏日田园杂兴》的湖中荷花;再漫步至上方山麓(此山也是行前从周瘦鹃等书一再读到的),寻着了范文穆公祠,得清净中的拜谒。出来祠边,墙畔有一小片黄李林子,初熟的圆果缀满枝头、落在草地,颇可赏。更妙的是,这回带了范

草木苏州夏

＊

成大《石湖诗集》等书,离开前等车时倚立门边翻翻;此处正对着他赞誉过的行春桥,周围是他隐逸写作田园诗的石湖,最宜对读;从《石湖词校注》看到《浣溪沙》一句:"垂垂山果挂青黄。"恰是旁边李子林的情景,乃这番拜会的完美收梢。(校注者黄畲推断该词可能是范成大辞官归隐后写的,以我所见此状,或可为旁证,一笑。)

非花非果的植物,在一个访友的梅雨天集中了几种。因周晨兄热情相邀、加上各种凑巧,农历四月梢,从客栈披雨步往他在古城地标北寺塔附近的工作室,几条路上成排的法国梧桐或香樟,衬托两旁房舍,那份情调很苏州。——这也是我重临古城的第一印象。如此大树荫夏,亦为唐代做过苏州刺史的韦应物所爱,这趟带了《韦苏州集》(与上面周、范一样,都因书名可对应地名),旅舍夜读发现,他常写夏日花木的清景,有个诗句,是被清代纪昀的四库全书提要赞为要超越他所追步的陶渊明的:"乔木生夏凉。"

行至周兄处,门楣挂着一束菖蒲艾叶,这在当日逛过的很多小巷人家门边亦见,还一再碰到店铺一捆捆分扎好在街边出售、和人们买了提着回家的情景,是将至的端午旧俗风情。

与周晨、潘文龙二兄的小聚,最后重点落在了芭蕉。一盏清茶半午轻谈间,我瞄到厅中放着一大秆枯蕉叶,暗想这可以浸墨来压拓成艺术品。不料说出来时,周兄告已经这样做了,即去参观他近年这些主要创作:用墨汁泡过的蕉叶,在纸上拓出各种纹样。——甚感大有意味:芭蕉叶从鲜活实体到枯干再到墨制,而纸张也是竹木制成,两者交汇,乃植物生命形态的发展、延续和融合,正如他以前做过的一个展览名字:"植物的记忆与制书乐。"

又出庭院看他取材的真芭蕉,苗壮舒展,硕叶沾雨,更其青翠逼目。对之闲话,我说曾读到有人专门分析(侯艳等《唐宋诗歌中的岭南》),这种热带植物本以我所在的南粤为主产区,且有广东音乐名曲《雨打芭蕉》;但因主流文化的地缘属性和传播力量,以及种植与应用方式的不同等影响,"雨打芭蕉"反而演化成他所在的江南之经典美学意象了。

雨又下了,再回静室吃茶,周兄笑道我们现在就是听屋外雨打芭蕉。这话还可加一句"下联":看庐中墨浸芭蕉。如此芭蕉相伴的细雨中细语,多年不见、交往不多却得同心畅谈,是可消夏旅炎梦的江南清娱。临走我取了一本他新近的展览册《橅墨》,里面正有"听雨""消夏"这样的蕉墨作品。

在此之前,姑苏屐痕已如也做过苏州刺史的白居易《夜雨》诗"芭蕉先有声",以及范成大《甘雨应祈》诗"先向芭蕉叶上知"了。

其一,在纪念苏轼的苏家弄。那天寻周瘦鹃不遇,却一再邂

草木苏州夏

*

逅苏东坡:先从紫兰小筑顺路去看来时经过的定慧寺,晚上又从双塔市集顺路去看寺旁的苏家弄,皆有踏足东坡旧痕之乐;一天之内,两度临时起兴的凑巧,得在苏州意外访苏之缘。小巷深处人家,菜圃中种了芭蕉,夜色下颇有风致。

其二,苏州博物馆。我从前在此买过一顶喜爱的西番莲纹样帽子,这回戴着它"回娘家",新购的植物元素纪念品包括:梅花小鸟图的"万物馥蘇"扩香石(可呼应我将这新生之旅目的地赋名为"复苏之州");"蕉下流光"的木制馆标明信片等,镂刻一片剔透的芭蕉叶。

其三,网师园。这是时隔12年再来苏州最想重游的园林:因其前身是南宋的万卷堂,有"渔隐"的名目,清代重修取名"网师",承接此意而合我意;而重温上次带去该园坐读的《苏州景物诗辑》,清人潘奕隽《网师园》还谓这归耕之地宜于夏游。也因当年的晚春行旅,不但在此度过悠闲惬意时光,且那次写的苏州植物游记《白墙黑瓦红蔷薇》,缘起就与这里有关,印象美妙。还因这回行前购读王稼句《三生花草梦苏州》,才知道老苏州俗呼网师园为张家花园,更添亲切。

这个别名的来历之一,是张大千兄弟曾借居园中。现在看这段故事的介绍牌时,注意到旁边一个雕花精美的窗子,外面阳光中的芭蕉透入绿影,合组的小景极是清美。随后重逛了昔年来过的殿春簃，及一处长廊转角，栽着芭蕉，亦似是旧游曾坐处。

那天风日清丽，游此清雅园子，至可清心。尤其是，中间的碧塘有一群金鱼，成队地环绕池中睡莲、游过岸边的我脚前，颇有兴味，恰应"渔隐""网师"这合心的归隐之意。

将此情景发朋友圈后，得慧心之友妙语点评，说加上连日发的草木与禾苗，集齐鱼了。——真是恰宜的好话，因如开头说的，我也查得苏州的苏，来历是这三样物事；但自己没留意网师园的鱼在隐逸之外还可作此解，甚是欢感。

这里说的禾，要回到"新生"之晨，在张家港去另一个永昌寺时，路过村中田野，见青绿秧苗整齐成畦，是新种的晚造水稻，得农事之欣的生日好景。——关于苏州鱼米之乡，此行一头一尾两本旅途书都有概述：买去第一站读的郭蔷等主编《风物中国志·张家港》，谈江南稻作文化悠久，转引《史记》一语："饭稻羹鱼。"而最后一站诚品，所购留念书中的张鸿声主编《苏州文学地图》，有专章记水乡生活，说人们自古"多以种植水稻和捕鱼为生"。

然则，张家港的稻禾，"张家花园"的游鱼，再加上苏州的繁花杂果佳草木，让"蘇"字三者我皆得遇，合为这新生之旅复苏之州的圆满美夏。

草木苏州夏

※

2023年6月23日、端午次日、夏至后日起笔,6月29日完稿。

附记:此行中的定慧寺、苏家弄,与苏轼的关系之一,是他曾书陶渊明《归去来兮辞》赠该寺僧人。而撰写此文期间,自身的退归之事,又得卸一衣冠矣。

水浒草木状

大宋花事

＊

引子

自小喜欢《水浒》。这部大书的诸多话题已被做过大量各种文章，却极少见从植物角度切入论述的。其实，该书写人物丰富出色，也写到很多风物，包括植物。我历年多次针对草木专题读过《水浒》，粗略数了一下，全书出现的具体植物有40多种（统计口径不包括以草木为形容的虚写、对草木的泛称、草木的制品，下同）。虽然该书主要内容乃刀光剑影，花草树木只属点缀，但有不少可发掘出好玩的意思。正因这是旁人可能大部分时候都不在意的细节，由此观照那些好汉故事和社会背景，反而有点新鲜感趣味——古人称强盗为"绿林好汉""草莽英雄"，做强盗是"落草"，然则以草木论强人，自笑亦不为无因。

于是30年前，与陆灏兄联床夜话，我便说，等退休后我要写一部《水浒草木状》；而他说，他要写"水浒兵器考"。陆公子已得先手，《听水读钞》里有《留客住》，这是他因觉得《水浒》兵器的题目太大，故暂时只写了一篇，这兵器名也仿佛他旧梦的"留客住"。

时光漫长又电光火石，转眼我已退休多时，该圆这个心愿了。陆兄启发了我：《水浒》草木纷呈，全部考辨的话同样"不是我能对付的题目"；而且它们确实与情节相关度不算很高，没必要一一铺陈，就像他那样选些别有会心的题目说说即可，也算为这部杰作抽样考察，为个人旧梦拾零留念。

需要说明的是，《水浒》的版本和作者、内容和史实、人物和地理、主旨和意义等方面，历来说法很多、分歧很大，学界论争纷繁。本文不掺和那些复杂问题的争议，只取主流意见和简省做法，设定以下前提：一、所述的依据文本，是容与堂本，即繁本百回本中的代表性通行版本。《水浒》主要分"繁本"和"简本"两个系统，一般认为繁本在先，其"文繁事简"，内容合理性和文字艺术性更佳；而繁本中的百回本是早出的定本，最接近水浒故事原貌，且相对百二十回本、七十回本，其篇幅中等，讨论比较合适；明容与堂刻本是存世繁本百回本最早的完整版本。具体引用文字，以冀勤对此的校注本（作家出版社，2018年3月）为主，涉及其他版本的另作注明。二、书名采用通俗简称，即《水浒》；至多如上述那样标出回数、刊刻者等。所引出处，只记第几回，有必要时才列出该回题目。三、按照小说（而非史实）故事的核心——宋江等起义的发生地，是山东梁山地区，全书所写的是北宋末年背景。即就书论书，以小说本身来谈些草木闲话。

一、梁山泊：从荷花到芦苇

说到水浒草木，很多人的第一印象会是芦苇。统计也证实，《水浒》出现最多的植物就是它，共提到80多次，主要集中在对梁山泊的描写。

第十一回,是全书首次展示梁山泊的实景。"林冲雪夜上梁山",前哨酒店的朱贵向山寨报讯,箭射向对面的芦苇中。芦苇泊里有船来接,林冲沿路眼中所见:"乱芦攒万万队刀枪……一周回埋伏有芦花。"从一开始,梁山泊就以芦苇示人。此后,不同人等到梁山,也往往先看到芦苇:第三十六回,一把手宋江首次入梁山,就是"来到芦苇岸边"乘船。第七十二回,宋江见李师师时作词透露自己来历:"借得山东烟水寨……想芦叶滩头,蓼花汀畔",即以芦、蓼代表梁山泊。二把手卢俊义则因其姓更有特别的联系。第六十一回,吴用在其家题写造反的藏头诗,第一句"芦花丛里一扁舟",以芦代卢来陷害。后卢俊义在梁山泊遇伏,"满目芦花,茫茫烟水",为之长叹。几个好汉从芦苇丛中撑舟出来唱歌戏弄,最后阮小二唱的就是那首"芦花"反诗,这个植物意象遂形成闭环效应,必然强化对卢俊义的心理冲击。

芦苇之于梁山泊不仅是环境风物,更是在多场战斗中发挥了重要作用。第十九回,官军追捕逃到石碣湖的晁盖等人,这里"紧靠着梁山泊,都是茫茫荡荡芦苇水港"。这一仗甚是精彩,全过程都见芦苇:芦苇中有人放歌示威,有人打唿哨联络;芦苇妨碍了官军的前进,掩护了好汉的埋伏,他们可以随时钻出来作战;更有在船上堆满芦苇柴草,烧之进行火攻,同时连岸上芦苇都被烧起来，最终好汉大获全胜。芦苇荡遂成了好汉的屏障、官军的葬身之地，芦苇本身也成了武器。石碣湖与梁山泊水脉相通，到第二十回，正式发生在梁山泊的第一场战事，面对再次围剿，芦苇起了同样的作用。此后，官军无论是地方将领呼延灼、关胜，还是朝廷大员童贯、高俅带兵征讨，梁山的得胜都有芦苇相助之功，是真正的草木皆兵。

因此，日本佐竹靖彦《梁山泊——〈水浒传〉一〇八名豪杰》谈到水浒故事令人印象深刻之处，是"梁山泊芦苇茂密的景象和泥土味十足的战斗"。他接着又指出："芦苇生长于浅的湖水与河流中，尤其是湖边，是使湖水变成陆地的植物先头兵。"由这句话，可简介一下梁山泊的背景：梁山泊是汇集黄河洪水，环绕梁山形成的巨大湖沼，宋代水域最大，可谓一片汪洋，横无际涯。后因黄河改道，水源断绝，有说从金代起，有说从明末清初起，梁山泊大部分已干涸，化湖为陆了。"植物先头兵"云云，即芦苇在这个过程中同样是见证。

我们平时受"逼上梁山"等影响，单纯说"梁山好汉"，实际上宋江等人的巢穴不限于梁山，而是整个梁山泊。第十一回林冲上梁山前，柴进推荐他落草的去处，是《水浒》对梁山的首度正式介绍，就明言"是一个水乡，地名梁山泊"。梁山本身并不很大，也不甚高，只因四面环水，才成了易守难攻的屯兵扎寨之地，

大宋花事

其地势险要不在山,而在水。我今春游山东,为圆童年之梦去了梁山县的梁山,再到东平县的东平湖一游,这里是旧时梁山泊仅存的遗迹,如此先登山后荡舟,完整得观水浒全貌:沧海桑田,现在的梁山与梁山泊已经不相连,但东平湖依然烟波浩渺,水道交错,极目壮观;想象两者之间的几十公里陆地,在古代也是浩荡水面,整个围拢着梁山,确是让外敌头疼,足以占山(水)为王的。当日所见有芦苇:梁山脚下人工湖芦苇丛生,东平湖更是处处野生着芦苇,茂密高壮,掩映水汊,可藏船只出没。春日晴明,春水朗阔,实地感受这种水浒草木的代表,舒襟开怀。

然而,这么大的湖区,自然"山场水泊,木植广有"(第十一回朱贵语)。水生植物不会限于芦苇,按理荷也应是一大项的。

我近20年前购读朱一玄等编《水浒传资料汇编》,开卷第一篇是苏辙写梁山泊的诗歌,其中《梁山泊见荷花忆吴兴五绝》,从诗题可知荷花是主角,其一云:"南国家家漾彩舲,芙蕖远近日微明。梁山泊里逢花发,忽忆吴兴十里行。"将齐鲁之地的荷花,比作江南丽景。我当时印象深刻,想到梁山泊起初应以荷著称,但《水浒》却突出芦苇,只因其更衬托英雄的肃杀之气。到今年3月游梁山泊,带去读的朱希江等《梁山泊诗词选注》、杜贵晨等《〈水浒传〉中的山东镜像研究》,也有其他古人的植物记录:

唐人高适《东平路中遇大水》:"挂席经芦洲。"北宋韩琦《过梁山泊》:"不知莲芰里,白昼苦蚊虻。"两首早期诗作,分别点出芦与荷。到元代,萨天锡《雨过梁山》序云:"舟至梁山泊,时荷花盛开……遂泊芦苇中,余折芦一叶,题诗其上。"诗曰:"题诗芦叶雨斑斑……满浦荷花开欲遍。"则将两种植物并举,可见芦、荷本是并列为梁山泊典型草木的。

另外,王恒展《梁山泊与〈水浒传〉》记:北宋"梁山泊人民进入泊中捕鱼、采莲,都要交纳繁重的税赋。"即当时农民的起义,就与荷有关。到当代,丘振声《水浒传纵横谈》指在梁山附近不断挖出过古莲子;《三联生活周刊》2011年第39期水浒专辑,孟静《梁山泊地理》一文则说,东平湖如今还有莲子出产。

事实上,《水浒》原著是有芦有荷的。第二回和第十四回,回末结语都预告了后来的梁山聚义,分别为:"芦花深处屯兵士,荷叶阴中治战船。""芦花丛里泊战船……荷叶乡中聚义汉。"第十五回,"吴学究说三阮撞筹",到了石碣村,有"一两荡荷花红照水",吴用就在这"荷花荡"的水阁中说服三阮入伙。然后于第十九回在此抗击官军,大战中有"满川荷叶,半空中翠盖交加;遍水芦花,绕湖面白旗缭乱",是杀戮战场的"优美好景"。

石碣湖与梁山泊"相通一派之水",因而梁山泊也肯定有荷花。果然,第十九回在梁山,王伦邀请晁盖等人水亭相聚,一边是地头蛇想驱逐过江龙,一边是晁盖、林冲等已暗带兵器起了杀心,这时却插入他们观赏的周围景致:"万朵芙蓉铺绿水……千枝荷叶绕芳塘。"荷花美景,是即将剑拔弩张、血溅当堂的铺垫,更见平静和美中的惊心动魄。

第二十回,梁山击退官军后的庆功宴,第一样食品是"水泊里出的新鲜莲藕",明确梁山泊的物产有荷。后第七十九至第八十回的两败、三败高太尉,又都在战事中齐现芦、荷:"只见荷花荡里两只打鱼船"杀出,又"只见芦苇丛中,藕花深处,小港狭汊,都棹出小船来";"风威卷,荷叶满天飞;火势燎,芦林连梗断";"荷叶池中风雨响,蒹葭丛里海鳅来"(蒹葭乃广义的芦苇,芦苇属有多种植物、多种名称,本文只泛论而不做辨析了)。

最后第一百回,当宋江等皆死,宋徽宗梦游梁山泊所见,有"红瑟瑟满目蓼花,绿依依一洲芦叶……对对鸳鸯,睡宿在败荷汀畔"。蓼、芦、荷这三种主要植物,到结尾一起出场成为总结性意象:盛事消亡,只剩下这些花草,凄然相对空空山泊。

以上梁山泊之荷,在容与堂刻本和袁无涯刻本(繁本或曰繁简汇合的一百二十回本,又以作者而称为杨定见本)的明人插图中也有所表现:第十五回吴、阮水亭旁的荷花,第十九回斗杀王伦时亭下的荷花,都被绘画出来,可见原作者和早期插图者都能忠实于梁山泊的自然环境风物。后世研究者也有注意及此的,日本井坂锦江《水浒传新考证》的《植物动物》一章,虽只是简单

水浒草木状

＊

选录,但首先即举出:"芦花芦苇,及盛开莲花。"

然而,像我这样的普通读者,却长期只知有芦,而忽略其荷。造成这一错觉,金圣叹是重要推手,他批改删节的七十回本,将上述荷的描写大部分都删掉了。由于该版本的流行,遂令很多人印象中梁山泊只剩芦苇。(我小时候读的是人民文学出版社20世纪70年代在金圣叹七十回本基础上整理出版的《水浒》,当时从母亲处得来,如今有亡母笔迹的此书,乃成存念之物。)

金圣叹本的好与坏,历来有不同意见,而删减荷花,可作为其得失的一个象征:几乎让梁山泊荷花无处容身,这是对事实的篡改,但也是艺术改造的成功。因为荷花的形象,可概括为一是君子之清,二是佳人之丽。君子佳人之花,在陪衬梁山豪杰上便远不如芦苇:苍苍茫茫,在渺渺水天间傲然挺立,丛杂的姿态粗豪疏放,即使秋天花开如雪,也更多是带来旷远之思。它的杀气和悲感,它的生长环境("水浒"之意是水滨,而芦苇多生于湖边),乃全书精神内涵的绝佳代言,这才是粗豪男儿的草木。从突出主题的角度,舍弃荷花而强调芦苇,在艺术上是对的,只是可惜了亦属梁山泊本色的荷花。梁山泊经历现实中的沧桑变易,又在文本中经历改造转化,从荷芦并茂到存芦去荷,乃文学创作改写真实世界的一个有趣例子。其他普及性读物也推波助澜,如我童年时代看的人民美术出版社《水浒》连环画,赵仁年绘《石碣村》等册，多页都是芦苇铺天盖地，固化了这种印象。

关于芦与荷，还可插说一段闲话，它们，特别是芦苇，被今人作为争夺《水浒》作者的论证依据。传统上一般认为，《水浒》是在宋、元间的说书、杂剧等基础上，由元末明初施耐庵集撰、罗贯中编成。而因为有说施耐庵故里为江苏兴化，盛巽昌《水浒传补证本》转引的黄俶成《明清小说研究》，便认为兴化的水泊是施耐庵写梁山泊的参照物，当地河湖多生芦苇，"施墓西侧芦苇酷似《水浒》"云云。又因为有说施耐庵、罗贯中是杭州人，也因为杭州与《水浒》书内书外的重要联系，马成生所著《杭州与水浒》《西溪与水浒》与王益庸所编《水浒与杭州》，引用一些学者观点，指杭州西溪多芦苇荡，是梁山泊的原型。马成生虽然反对上述两地的原型说，但又仍将西溪芦苇与梁山泊联系起来，认为施"借此为素材"，将西溪"移"入《水浒》。甚至前引第二十回的梁山莲藕，他都说成是根据西溪特产写出。

以植物考辨文史的角度我很喜欢，这类地域主义的论调却真的令人难以理解其逻辑。很简单，芦苇、莲藕并非江南独有。我今春恰在 3 月 22 日世界水日游东平湖，4 月又恰在与水有关的农历三月三上巳节重游西溪，见识了两地著名的芦苇，总体感受，西溪是幽清的，东平湖是浩茫的，后者更符梁山泊的情调。当然，《水浒》写北方的地理、气候、景物等多错，写江南的则多不误，因

水浒草木状

此不少论者认为作者很可能是南方人。这个论点我认同,但总不能无视梁山泊本就产芦苇和莲藕的事实,从而以未确定的作者籍贯地有此物去反证籍贯。

除非是梁山泊所无的植物,这种论证才能成立。像马成生书中提出,山东少竹,梁山泊一带没有苦竹,因此《水浒》的竹子,特别是多处出现的苦竹枪(包括我喜爱的浪里白条张顺,也是在杭州折于苦竹枪和乱箭之下),乃施耐庵把江南盛产的竹、苦竹反映到《水浒》中,"南竹北移",这有点道理。类似的还有枇杷,也出于同样理由认为是施耐庵"移花接木",前提亦为梁山没有出产,这才让人信服。

说回芦苇和荷花的主题,再各举一个旁例吧。

梁山泊之外其他地方的芦苇,只说最打动我的一处虚写。第九十回,宋江率部征辽,乃其受招安后首次为朝廷出战,结果凯旋,且梁山好汉没有一个伤亡。本应是功德圆满的喜庆,他却在归途对燕青发了一番大雁衔芦的感慨,并作词"拣尽芦花无处宿",道出身世悲戚。这是他刚受五台山参禅的影响,从而对未来的隐隐预见,故一路上接连"心中凄惨""心中纳闷""心中郁郁不乐"。触动他的比照意象是大雁,但芦花同属心事背景。有谓梁山好汉的悲惨收场是宋江受了朝廷的欺骗、被招安的幻象蒙蔽,但仅由此例,我就觉得不可信。以他这样的"人精",内心该有清醒认识的吧,然而命运如此,也只能走下去,继续"拣尽芦花"。

至于荷花,最佳典故来自原著之外,元代陈泰《所安遗集补遗》载,舟行梁山泊,船夫告诉他,这里是以前宋江起事处,"绝湖为池,阔九十里,皆蕖荷菱芡,相传以为宋妻所植"。又说,初到此地时,"荷花弥望,今无复存者,惟残香相送耳"。鲁迅《华盖集续编》抄录过这一则,指出宋江在梁山泊有妻且亲自种荷一事,"仅见于此",认为是"《水浒》故事,宋元来异说多矣"之一。丘振声《水浒传纵横谈》论及此事,引明杂剧对梁山泊"农桑"的描述,认为"似乎可信"。而即使这只是一个好玩的传说,但亦是美妙的画面,紧张战事之余开垦农事,让人亲切,应也属梁山泊日常生活的真实。如果能一直这样静守山水,独立生存,种植自足,过着家常日子,多好。可惜宿命的是,弥望的荷花,与有此风景的梁山泊根据地,都将"无复存",因为这毕竟不是真正的农家水田,而是兵家江湖。

江湖,风波险恶,又沧桑易变,水天空茫间,自然多芦苇般的肃杀,少荷花般的清丽。然而,宋人杜范有一首《寄题芦洲》,写向往"手植芦"的"幽居",结句云:"何爱世间闲草木,只缘胸次有江湖。"在这里,江湖指对比庙堂的隐居地(王寒《江南草木记》)。是该有这样的芦苇(哪怕只属愿景中的"闲草木"),也该有宋妻那样的荷花（哪怕只属传说且仅余"残香"），才能慰藉无论哪种意义的江湖中人，为苍茫的或清幽的江湖，留下美好记忆。

二、杨柳：豪杰的风流

《水浒》草木中，杨柳排在第三位，被写到60多次，而且它是全书最先和最后出现的植物。不算《引首》开篇词比喻性质的"兴亡如脆柳"，第一回开头的东京宫殿，就有实景"含烟御柳拂旌旗"；后洪太尉往龙虎山，掀开一百零八魔君走入凡间的序幕，他沿路所见的第一种具体植物，是"嫩柳舞金丝拂地"。以上为前朝的背景，到正式进入水浒故事，第二回，王进来到史家庄，"一周遭都是土墙，墙外却有二三百株大柳树"。虽然接着还提到松树，但随后王进进入庄院，书中强调他"把马栓在柳树上"，即庄内庄外都是杨柳。就在这"一周遭杨柳绿阴浓"中，第一位好汉史进出场了。而到第一百回，众好汉凋零尽矣，朝廷为弥补歉疚，在梁山泊起造庙宇，建筑间有"绿槐影里……翠柳阴中"，是《水浒》压轴的植物描写。

全书中，史家庄那种柳景多次出现：柴进的两个庄园，孔明孔亮的庄园，穆弘穆春的庄园，李应的庄园，以及祝家庄、曾头市等，不同立场、不同等级，都见"绿柳阴中，显出那座庄院"（第九回）之类的句子。这是对庄园描写的程式化，但也是当时庄园的真实标配,有学者就以这些例子,来说明宋元时期乡村杨柳的分布(关传友《中国杨柳文化》)。顺此可明确一个概念:第九回柴进的西庄,"两岸边都是垂杨大树"。第四十八回的祝家庄,"周遭环匝皆垂杨",用的是"杨"字,但古代杨柳混称,"垂杨"即以枝条下垂为特征的柳树。像第四十六回翠屏山的"袅袅白杨",第四十七回祝家庄作为盘陀路记号、"有白杨树的转弯便是活路",明言"白杨"才是真正的杨树。

《水浒》最脍炙人口的杨柳描写,即第七回"花和尚倒拔垂杨柳",也有这种情况:回题是杨柳,而正文写的是"绿杨"——东京大相国寺的菜园里,鲁智深和泼皮喝酒聊天,见"墙角边绿杨树上新添了一个老鸦巢",鲁智深发神力"将那株绿杨树带根拔起"——应以回题为是,他拔的是柳树。(对此后文也有明确。)

这个情节,赋予英雄生动的形象,是文学作品最有名的人与树的故事之一,而描写是有依据的。首先,柳树易招乌鸦,屡见于古代诗画,仅以宋朝为例,画有宋徽宗《柳鸦图》,诗有王安石《暮春》"莫嗔杨柳可藏鸦",词有姜夔《醉吟商小品》"细柳暗黄千缕,暮鸦啼处"。

其次,鲁智深拔的是柳而不是其他树,也许因垂柳乃浅根性树种(陈植《观赏树木学》),有能被人徒手拔起的可能;前几年果壳自然公众号上还有位嫱嫱通过科学计算来研究"鲁智深倒拔的,是多大的垂杨柳"。但我感到施耐庵更多是从文学审美的考虑来设置柳树,因为在《水浒》的时代,杨柳主要象征娇俏、娇弱的女性(即使宋人刘克庄《后村千家诗》中所选他自己的《柳》,写"瘦得腰肢似沈郎",这对男性的比喻也侧重文雅柔弱的一面),以俏女郎、弱女子之树配对豪杰的花和尚,更有角色差异化的戏剧效果。

这拔柳还有一个后话。第九回,鲁智深救了林冲,受命谋害林冲的公人打听他是哪个寺庙的,鲁智深粗中有细,猜到他们想要回报高俅来报复,偏不说。然而,当他别去后,林冲得意扬扬地说起这个兄弟的威武:"相国寺一株柳树,连根也拔将起来。"从而证实了公人对鲁智深出处的猜测,其后果然高俅据此派人到大相国寺寻仇,逼得鲁智深流落江湖。林冲本是个精细的人,无论面对高衙内调戏妻子及衍生的事件,还是在梁山先后两度扶持寨主上位的过程,种种细节都很见其心思,在这里却如此粗疏,以至于有人说,因为林冲这次口滑,令鲁智深与他的友谊变生分,原本二人兄弟相称,但下一次梁山相见时,鲁智深只称林冲为教头了(押沙龙《读水浒》)。拔柳壮举反成累事,引发一段深厚友情被伤害,柳树意象也带上了伤感。

不过,在大相国寺相识的鲁智深与林冲,又在最后被小说安排同在另一处寺院先后去世,也算二人的一场缘分吧。第九十九回，征方腊后，英雄失意，鲁智深和武松选择不随大军回朝享受荣华富贵，留在杭州六和寺，林冲也因病留下。鲁智深于寺中圆寂，不久林冲病亡，武松则高寿善终，无论看破红尘，还是身残心灰，起码都能寄身清静之地，避过朝廷的迫害。我今春在杭州，登了六和塔，看着他们看过的钱塘江，深感鲁智深的顿悟之语："今日方知我是我。"塔下的原开化寺遗址，内有几棵树根枯枝，就不知是不是柳树了。

上面提到柳树象征女性，这是从唐朝开始的。此前汉朝到六朝，杨柳是男性化之树，在汉赋中乃"伟丈夫"形象，且与兵事关系密切，多关联边塞、军营、战争，如汉代名将周亚夫屯兵细柳的"柳营"典故等（张哲俊《杨柳的形象：物质的交流与中日古代文学》，石志鸟《中国杨柳审美文化研究》）。承此余绪，《水浒》中的柳树也常是战斗的见证者。如第九十五回，鲁智深与方腊军中也是和尚的宝光国师对战，在"袅袅垂杨影里"，两条禅杖翻飞。又如第七十九回"宋江两败高太尉"，有一场仗，先细写梁山滩头的好景：一带细柳，栓着黄牛，草地上睡着几个牧童，另有一个牧童倒骑着牛吹着笛子。等官军杀至，"那几个牧童跳起来呵呵大笑，都穿入柳阴深处去了"。随即，"柳阴树中一声炮响"，激战开启，那柳阴佳致成了官军的噩梦。类似而更妙的是第三十八回，黑旋风李逵与浪里白条张顺的打斗，背景为浔阳江边，渔船"缆系在绿杨树下","江岸边早拥上三五百人在柳阴树下看",江中一黑一白扭打,碧波绿柳相衬,很有画面色彩感。

这位浪里白条,多次水战立功,最终亡命水中。第九十四回,征方腊攻杭州,张顺仗着好水性独自潜入,被守军识破,"涌金门张顺归神"。我曾两度到西湖涌金门参拜张顺铜像,一次是五年前的秋天,湖上落日融金,柳条鸥鹭飘飞,身心舒泰地一直看到夕阳沉没;一次是今年春天,环湖各处旅居,流连尽享"西湖水色拖蓝,四面山光叠翠"之美。这两句是《水浒》借张顺之眼道出的绝佳形容,色彩出色,荡漾春色。因为此行,促成陆灏兄为我当即摹绘张顺画像,恰好衣裤的设色就是"拖蓝叠翠"。"拖蓝"的"拖"字极奇妙贴切,而"叠翠"中,自也包括西湖标志性的杨柳,陪伴张顺遂了为这一湖好水甘心葬身之愿(袁无涯本插图所绘此场景,以及容与堂本插图绘接着的宋江拜祭张顺场景,都有柳树)。

《水浒》写到的柳,有两处让我不是滋味。第四十一回,宋江为报仇打下无为军,捉住黄文炳,将其"绑在柳树上",由李逵血腥地活剐了这个小人。杨柳何辜,陷于此境。第六十二回,吴用"坐在柳阴树下"安排陷害卢俊义。宋江他们经常这样,为招邀别人上梁山,将自认为的好日子强加于人,不惜毁人正常生活而替他人设计命运。金圣叹就此句批注"写吴用实是妙人",大约是指柳树衬托了他的筹划风流,但在我看来,却是杨柳无奈地参与了人性之恶。

真正的豪杰争战中的杨柳风流,来自第六十九回。东平府猛将董平,善使双枪,"心灵机巧,三教九流,无所不通,品竹调弦,无有不会"。"宋江在阵前,看了董平这表人品,一见便喜。"如此人才,被称为"风流双枪将",他箭壶中的小旗则写着:"英勇双枪将,风流万户侯。"一再言其风流。最后擒获董平,也由此着笔:宋江引他来追,设下埋伏将其绊倒,几员将领"一齐都上",最终却是一丈青扈三娘、母夜叉孙二娘"两个女头领,将董平捉住",押其去见宋江。这个组合安排很罕见,正如金圣叹批注:"擒董平偏用两女将,为'风流'二字渲染也。"不仅如此,我更看重接下来的几句描写:"却说宋江过了草房,勒住马,立在绿杨树下,迎见这两个女头领解着董平。"

这是一个让我印象特别深刻、多年难忘的好画面。按照上面鲁智深、张顺的先例,说是"绿杨"而上下文交代为柳树,则此处宋江所在的树荫,正是柳。这是一个闲笔,杨柳本可不写,却偏要点出。可资对比的最接近的场面,乃第五十八回,也是设伏活捉朝廷武将(呼延灼),也是宋江亲自做饵,也是在树木旁进行,但那却是"几株枯树",而且没有出动女头领。

擒董平的安排,就因他是"风流双枪将""风流万户侯",对付这样的人物，人必须以女将，树必须以杨柳，才能呼应那份风流。这处闲笔大有审美意境，因此那棵柳树，不仅金圣叹没有删，连"回目最少的《水浒》本子"、宋云彬删节的第四十八回"洁本"都保留了。但《水浒》中"文简事繁"的简本，以完整存世简本中最早、最有代表性的明双峰堂余象斗本为例，写的是一丈青和孙二娘各与丈夫一起捉住董平来见宋江，更没了宋江立杨柳下那几句，其在古刻本中数量最多的插图自然亦无此画面。简本的枯燥无味不足取，由此可见。相反，容与堂本和袁无涯本的插图，都画出杨柳、女将等元素；署刘君裕刻的后者尤佳：前景是众人擒董平，而宋江远远等待于画面上角，勒马于垂柳之下，那份闲雅意态画得甚好，非常符合我心目中想象的风流蕴藉味道。亦即，杨柳衬托的风流，不仅关乎董平，更关乎包括宋江、女将的整个情节氛围，营造了战场上难得的旖旎风情。

此处只能是杨柳而不是其他树，因为这本就属风流之树。不说那种"风流才是女儿腰"（宋吕本中《三眠柳》）的女性意味，早在柳树的男性化阶段，南朝便有"张绪风流"典故：李延寿《南史》载，张绪"吐纳风流"。后来，齐武帝赏柳时感叹说："此杨柳风流可爱，似张绪当年时。"而在《水浒》的背景时代，北宋《宣和画谱》有云："杨柳梧桐之扶疏风流。"因而施耐庵选择杨柳出现于此，是符合艺术审美的。只有杨柳的风姿，才担得起这样的风流。

当然,要补充的是,董平的所谓风流,其实堪称下流:他喜欢太守的女儿,屡索不得,在梁山围攻的紧要关头,乘势又去逼亲,仍不获;被擒投降后,诈开城门,引入梁山军队,自己则径奔私衙,杀了太守一家,夺了太守的女儿。马幼垣斥之为"最卑鄙的梁山人物"(《水浒人物之最》)。但马氏《水浒论衡》谈到一个观点:《水浒》只是"阐明人性",因而对梁山诸人的弱点缺点也"坦然直书",小说的成功就在于"忠诚地处理此等人性问题"。我很认同这个观点,该书写到大量让今人不适的负面行径(包括但远不限于本文提到的一些例子),只是如实地反映世态,哪怕风流豪杰都有种种人性之恶。《水浒》的伟大更应从这个角度理解。

三、由柳而松:世途风景

柳树下被擒的董平,后来征方腊时战死于名为独松关的松树林中(第九十五回),这有意无意带出了柳与松的对照。

松在《水浒》草木中排行第二,出现了70多次。当读完全书,才想起在开头的第一回,已经设定了松在本书的复杂象征:洪太尉于龙虎山的松林间,先是遇到老虎扑出,大受惊吓;随即又看到一个吹笛道童骑牛而来,此人是张天师化身,告之以佳音。一则凶险,一则悠然,但对二者的描写都是在"松树背后"现身。

如此，松被赋予矛盾合一的寓意：老虎代表入世的险恶，天师道童代表出世的超脱。

先看后者，全书寺庙名山的修道处，多见松树，如五台山、二仙山等，"十里青松栖野鹤"（第五十三回）。最突出是第四十二回，"宋公明遇九天玄女"，那仙殿"两边松树……杂种着都是合抱不交的大松树"。经此才得入见那娘娘的"正大仙容"，受三卷天书。这些松树还扮演救护者的角色，追捕宋江至此的捕头在庙前"被松树根只一绊"，跌跤后被李逵杀死；而在同来营救的石勇眼中，"兀那松树背后一个人立在那里"，乃是宋江以松树做遮护。

这方面也有反例，第九十七回，方腊手下的包道乙作起邪法，"松树化人"，变成金甲大汉围困宋江。然而，随后救了宋江的，又是这"万松林"的神灵。因而终归意味是一致的：松树代表世外高人对尘世俗子的打救，人世凶险，只能寄望世外的庇佑。

至于以老虎为代表的一面，书中写得更多。直接是真老虎的：第二十三回"景阳冈武松打虎"，那里"秽污腥风满松林"；第四十三回"黑旋风沂岭杀四虎"，李逵在松树旁遇虎食其母，而愤然杀虎。由此延伸，很多打斗、埋伏、暗害的场所，都在松林，只举几例突出的名场面：

第六回"九纹龙剪径赤松林"，史进和鲁智深斗杀贼人，是在一座皆为赤松树、"谁将鲜血洒树梢"的"猛恶林子"。(按：清代程穆衡《水浒传注略》说赤松是樿树即杉的赤红色者；但王利器校注《水浒全传校注》认为赤松林即史书有载的黑松林。)第八、第九回，高俅一伙要杀害被刺配的林冲，安排在"猛恶林子"野猪林，亦是松林。鲁智深从松树后杀出，解救了林冲；护送一段后，又在另一座松林里，以禅杖打折松树来警示押送的公人。第六十二回，同样的情形发生在卢俊义身上，被刺配途中公人欲杀他，为燕青所救，也是在松林。与鲁智深的树后大喝、禅杖飞出不同，燕青是隐伏在树上以箭射杀公人，这松树乃更为浪子生色。

此外，第四十六回，杨雄、石秀在松林虐杀潘秀云和迎儿，并"取出心肝五脏，挂在松树上"，残忍之极。随之松树后走出时迁，与他们合伙投奔梁山。第九十九回，鲁智深则在松林中擒获方腊，从而大功告成。还有，独角龙邹润因曾一头撞折了松树而成名；被称为"水浒寨最英雄"的武松，直接以松为名。总之，人间的松树，都与或负面或正面的"猛恶"有关。

松树的这种画风，与风流的柳树完全不一样，甚至相对立了。有一个典型的案例，第十六回，杨志夏日里押运生辰纲，先有两处写到虞候、军人"柳阴树下歇凉"，然后被劫的地方，则是黄泥岗的松林。书中写"智取生辰纲"的过程，提到了十多次松树，不惜连续重复、害了字句表述，是以叠见松树而衬出险峻的环境。此可谓太平无事时柳树悠闲遮阴,进入松林则步步凶险。这还不止,《水浒》的主要源头之一《大宋宣和遗事》,当中以药酒劫生辰纲的原型故事,是发生在"路旁垂杨掩映,修竹萧森"之地。这是早期创作的不经意之笔,写到植物比较随便,垂柳掩映的情调,与下一句修竹的"萧森"并不相合。到《水浒》成书,施耐庵将柳树前移,主战场换成松树,则是用心之笔,因为垂柳的清和景致,不符合故事的氛围,遂改为险恶的松林,他反复强调此树,应该是自感为得意之笔吧。

另一处柳、松的经典对比,是第二回,《水浒》首先出场的好汉史进,在炎夏消遣,"捉个交床,坐在打麦场边柳阴树下乘凉。对面松林透过风来,史进喝采道:'好凉风!'"接着写猎户李吉在松林张望,他带来少华山强盗的消息,由此引出史进乃至全书的造反故事。上一节已提到柳树率先出现,绿浸史家庄内外,这代表刀光剑影之前的农家生活;到了这里,柳树的对面是松林,已隐含变故,将成语换一个字是:"风起于青松之末。"同一回的后面,史进与少华山朱武等人结为好友,但庄客王四因酒醉在松林中丢失来往书信——王四酒醒见月光在身、惊起见四边松树一段,是很好的文笔。然而正是在此,被李吉拿了书信去报官,从而给史家庄惹来毁庄之祸,也毁了史进的平静生活。李吉与王四,都跟松树直接相关。

大宋花事

*

押沙龙的《读水浒》,对好汉的人性和心性分析写得非常棒,史进那篇亦然。他说史进一开始是个可爱少年,而《水浒》"这一回的文字很特别,跟后面的文风不太一样,有一种温暖和青春的气息。它写风,写月,写松树,写莎草,也写少年的成长,以及人与人之间的情谊。史进周围的一切,似乎充满了阳光"。那柳荫乘凉吹松风一段,"一副安逸的田园风光。《水浒传》里难得有这样的悠闲笔调,一切都显得如此美好"。然而,随即一切急转直下,他结交了盗匪,烧掉了庄园,从此走入了江湖,经历了很多变故,最后孤独地战死。押沙龙饱含情感地写道:"回想多年以前的那个炎热的夏天,史进拿了一把椅子,坐在自己庄园的树荫下面乘凉。对面松林透过风来,史进喝彩道:'好凉风!'"那时候他无忧无虑,不会知道此后自己的选择所带来的遭遇。

我不惮重复多引其文,是表示赞赏,但也想指出:押沙龙似乎没有细味原著里的柳、松之别,将松树作为史进美好青春的一部分了。实际上,那松风带来江湖的信息,那松林成为变故导火索的场所,这才开启了史进此后的变动。柳与松,一是安宁的田园气息,一是凶恶的刀兵之气。到第九十八回,史进在征方腊之役被射杀于松林。这比起上面的董平,前后呼应的味道更浓,曾经的松间"好凉风",最终带来的是死亡的悲风。由此回溯当初,不同植物引领的不同人生路径,更足以让人感慨万千。

水浒草木状

*

人生道路的得失，还包括贪看路边风景，错过了宿头。我以前曾借《水浒》常写到的这种情形（《贪看书边风景》的网帖系列），来比喻自己沉浸书堆、不顾现实。现可选记一下原著的具体描写：第五回，鲁智深投奔东京，"一日正行之间，贪看山明水秀"，那山水间有槐，有杏，有"绿杨影"，如此"贪行了半日，赶不上宿头"。之后投宿桃花庄，引出扮新娘制服小霸王的喜剧。第三十二回，宋江路过清风山，见"那座高山生得古怪，树木稠密，心中欢喜，观之不足，贪走了几程，不曾问的宿头"。让他欢喜的树木，主要是"古怪乔松盘翠盖"。然而由此却几乎酿成悲剧：为山大王燕顺、王英的手下所擒，几乎被剜出心来做醒酒汤。这一番惊险，再次印证了松树的凶恶象征（燕顺、王英的绰号分别为锦毛虎、矮脚虎，也与松相应）。而作为对比，除鲁智深外，更鲜明的是曾谈过的第二回：王进母子逃亡，"在路上不觉错过了宿头"，却见前面林子有灯光，原来是绿柳掩映的史家庄。他们在此遇上相得的好人，受到很好的款待，足足住了半年多，在逃脱迫害的路上享受了一段悠闲安逸的时光，这也正应合杨柳的氛围。

世途险恶，人生苦旅，倘前方有这样温暖的灯光、清静的柳林，自是窝心好去处。然而此乃可遇不可求，何况史家庄不过是王进的一个歇脚驿站，他终归还得上路赶路。生涯注定如此，那就只感受沿途吧，贪看一下路边的山明水秀、花草树木也挺好的，但观风景，莫问前程，更不必奢望缥缈的出世。哪怕有"古怪"的恶树（前面提到多处松树也是旅人路上所遇），但就像宋江在清风山随后能剧情反转、化险为夷，命运的前途谁也说不准，我们只需在漫漫长路上且跋涉且观赏，"心中欢喜"，而不必管错过的宿头、未知的宿头了。

四、簪花：曾在头上盛开过

《水浒》还有很多零花碎草杂果木，或独特，或有趣，或写得精妙，或别具寓意。有些已见人谈过，如梁山泊蓼儿洼及宋江等人死葬的楚州蓼儿洼之红蓼，晁盖东溪村"别处皆无"的大红叶树，郓哥与王婆争执及陪武大郎捉奸时的两篮雪梨，武大郎外号"三寸丁榖树皮"的榖树等。有些还待发掘细论，如多处写到槐荫下的人物，一再写到葡萄架下的喝酒等；又如多种明代水浒图谱，包括容本、袁本插图，也包括杜堇《水浒人物像赞》、雄飞馆刊《英雄谱图赞》，当中的植物误绘，尤其是出现了原著所无、代表明人生活品味的芭蕉、美人蕉等，都是好玩的题目。然而，我想把本文最后的篇幅留给并非具体植物品种，甚至不是真正的植物，集中谈谈我向来喜爱的簪花，因为宋代这种风尚，在《水浒》中多见反映。

水浒草木状

*

关于这个话题，最为人熟悉的是"一枝花"蔡庆。他是专掌行刑的刽子手（上梁山后明确此职），又"眉浓眼大"，却"生来爱带一枝花"，身份、容貌与装饰、喜好的反差令人瞩目。很多水浒论著，都由他的"一朵花枝插鬓傍"，谈到宋朝的簪花。我以前说过，就此写得最完备的是虞云国，但他的《水浒乱弹》（中华书局，2008年12月）和《水浒寻宋》（上海人民出版社，2020年5月），二书中同题的《一枝花》篇内容有点区别，可拈出介绍一下：

先刊的《水浒乱弹》，指出明末陈洪绶《水浒叶子》为石秀也画了小说中未提到的簪花。（按：这说明《水浒》的簪花深入人心，以至于画家创造性地对其添加。类似的为其他人物增画簪花，在后世的水浒人物画、烟画、酒牌、扑克中屡见不鲜。）这一点不见于后出的《水浒寻宋》，但后书在其他方面做了增补，一个重点是谈到日本佐竹靖彦《梁山泊——〈水浒传〉一〇八名豪杰》以第四十回宋江戴宗被处死前戴的送行纸花为例，说"蔡庆的习惯便是由此而来"，这样的"一枝花"是"可怕"的。而虞云国认为此说"似乎过于穿凿"，宋、戴上刑场前"各插上一朵红绫子纸花"，这"焉知不是尊重罪犯生前发饰习俗的人性化举动"。我赞同虞说，是因为宋代簪花的风俗，导致连死刑犯和刽子手都会戴花，而不应倒过来，用死刑犯来说明刽子手的簪花。书中第四十四回还出现另一位押狱兼行刑刽子手杨雄，亦"鬓边爱插翠芙蓉"，可见此风的普遍,我甚至想,这隐含了簪花化解恐怖血腥之意。

其他由"一枝花"蔡庆等而以专章述及宋代簪花的水浒论著,还有盛巽昌《水浒黑白绰号谭》、王峰《水浒摸鱼》、黄亚明《市井水浒》、杨子华《水浒文化新解》、赵燕云《知宋:从水浒看宋朝的犄角旮旯》等,但都未举齐原著所有案例,值得梳理出来。不过,其中阮小五"鬓边插朵石榴花""柴进簪花入禁院",燕青"鬓畔常簪四季花",宋江菊花会之"鬓边不可无黄菊",我分别在《岁时花事》的"端午篇""元宵篇"和《大宋花事,簪花见之》《好花开满男儿头》谈到了,此不再赘述,说说余下的几处。

《水浒》最先出现簪花,是第五回,小霸王周通率众登门成亲,与明晃晃刀枪相杂的,是"小喽啰头巾边乱插着野花";而马背上的小霸王,"鬓傍边插一枝罗帛像生花"。这一回的故事元素包括:名字艳丽的桃花山、桃花村、桃花庄,逼婚民女的山贼,假扮成新娘的胖大和尚鲁智深在洞房痛揍小霸王;再穿插婚礼上的簪花,更添喜感。戴敦邦所绘《水浒传》,画了被鲁智深骑住挨打的周通,头上仍有嫣红的簪花;袁无涯本插图的相同场景,那朵簪花则已掉落地上,各有各的戏剧性效果。不过,虽然周通的行径几近抢亲,但张恨水《水浒人物论赞》说得对:他居然纳金下聘,做足礼仪排场,以一个山大王来说算是可以了,"其人亦有情致","不失为趣盗也"。我想加上他和部下的簪花细节,这种趣盗的情致更可成立。

周通和小喽啰簪戴的不同花朵，还可隐见背后的簪花文化：他戴的是罗帛像生花，即绢制的假花，而手下插的是野生的真花。宋代像生花极为风行，乃至形成官方礼制，我在《大宋花事，簪花见之》已做过介绍。具体到周通此处所插的，王利器校注的《水浒全传校注》引南宋吴自牧《梦粱录》一则，说罗帛像生花是商贩"沿街市吟叫扑卖"的，即很普通的流行之物。但同书注释第七十二回"柴进簪花入禁苑"时，对皇宫人员所簪的假花引了大量资料说明其严格繁复的宫廷制度（就此而言，某种程度上像生花比真花还要高级）；王利器这里所引有两处涉及罗帛像生花，一是也出于《梦粱录》，记皇家寿宴，赐大臣等"各依品位簪花"，而皇帝本人"亦簪数朵小罗帛花帽上"。二是北宋蔡绦的《铁围山丛谈》，记皇宫宴会赐臣僚簪花，其中有罗帛花，形容"甚美丽"。可见此花并非凡品，出现在皇帝、高官的头上，代表重要的场合。但同时它又满街都是，很容易买到，周通作为山大王要成婚，自然能找到这高贵、漂亮的罗帛像生花来簪戴；而小喽啰不能僭越，就唯有随便采些山花了。

《水浒》最令人意外的簪花，是黑旋风李逵。第六十一回，卢俊义来到梁山泊附近，截击他的李逵"虎威雄暴，大斧一双"，同时却见"茜红头巾，金花斜袅"。这出人意表的装扮，比蔡庆、杨雄和周通还要大的反差,一方面反映了宋代男人簪花之盛行,连李黑牛都不能免;另一方面也是小说的噱头,营造滑稽的喜剧画面。

《水浒》簪花的男人,还有第三十八回的戴宗:"皂纱巾畔翠花开",衬托他"瘦长清秀"的神采。但簪花本属女性之美,因而全书也出现两个女人簪花。第二十七回,孙二娘现身时"鬓边插着些野花"。这是梁山第一位女豪杰的出场,虽然"眉横杀气、眼露凶光",体貌粗鲁,但簪花给这位"母夜叉"添了妩媚。第四十三回,冒充李逵名号剪径打劫的李鬼,其妻亦"鬈髻鬓边插一簇野花"。这两位都是打劫的女流,却见出女人爱美的天性。

《水浒》最大规模的集体簪花场面,是第七十六回。枢密使童贯亲率大军来征讨,书中详写梁山的迎战布阵,暗含这是首度向朝廷中枢晒本钱家底之意(此前攻梁山的皆为地方将领),因而特别整齐精神,其中好几个头领都簪花:

"绛罗巾帻插花枝"的焦挺,他绰号"没面目",此战负责守中军帅旗,簪了花就特别有面目了。"头巾畔花枝掩映"的蔡庆,是这"一枝花"刽子手正式以簪花示人。"鬓边一朵翠花娇"的燕青,借此还特别写赞这位"浪子"之"出众超群,人中罕有",是"梁山泊风流子弟"。"金翠花枝压鬓傍"的徐宁,绰号"金枪手",也合该有金花簪戴的风姿。写完徐宁写花荣,然后说:"两势下都是风流威猛二将,金枪手,银枪手,各戴皂罗巾,鬓边都插翠叶金花。"这段描写有点含混,簪花的似乎指花荣本人,也似乎指他和徐宁的手下(左手十二个金枪手、右手十二个银枪手),但即使只是那些簇拥花荣的银枪手簪花,也足够壮观地衬托出这位让人喜爱的"小李广"之"风流威猛",很合他的美妙名字——"花荣"。

如此花样阵容,是梁山泊最鼎盛时的写照,众卉齐放,鲜妍灿烂。后来受了招安,为朝廷南征北战,离了水泊,花木失托,便再也没有簪花的描写了。——仿佛一个暗藏的象征。

到第九十回有一处谈到花,是我在《水浒》对植物的泛称、虚写中感触最深的:梁山头领第一个离队的公孙胜告辞,宋江"潸然泪下,便对公孙胜道:'我想昔日弟兄相聚,如花方开;今日弟兄分别,如花零落。'"这有如一个谶语,开启了散场模式,由此一路而下,结义好汉们死的死,遁的遁,如花零落的场面一再出现,思及当初如花方开时,是真令人伤感的。

好花不常开,盛宴有终时。因此金圣叹腰斩《水浒》是对的,好戏最怕看到无可挽回的衰落残局。黄永厚绘李逵饮毒酒图,慨然题曰:"世上几多开山戏,每到收场总伤怀。"而《水浒》全书最后一句话,压轴诗的末句是:"落花啼鸟总关愁。"

回望当初,花开未落光景好。张恨水《水浒人物论赞》之三

大宋花事

※

阮篇,开头先以隽雅小品之笔闲闲写道:"四五月间,绿阴浓遍。农家石榴,高齐屋檐,于墙头作花,以窥行人。花点点如火,在绿阴中,至为娇媚。尝于此际,设短榻野塘堤上,临风把《水浒传》读之。至吴用入石碣村说阮一段,环观佳树葱茏,疑吾鬓边插一朵石榴花。"这是借未起事之前的阮小五簪花意象,作书内书外的情景交融。接下去,他感叹三阮原本的水上生涯,"亦是人间一件乐事,何必一定要去作强盗"。这有点类似押沙龙回顾史进当初之慨。是啊,读一部《水浒》,如过一趟人生,经历了英豪往事灰飞烟灭,人世成败过眼浮沉,好花盛放旋即散落,回想起花在鬓边的时光,恍惚如梦。

然而,真需要后悔吗?又或者,能怪宋江及众人的选择吗?当青春热血,就该如狂花怒放;然后归顺社会秩序,默默萎谢,则是应坦然接受的世间规律。《水浒》好汉的收场,其实写出了我们大部分普通人的命运。

命定如此,那么有过如花年华,鲜花开到过上头顶,也就够了吧。好比作为时代的幸运儿,身历领受过一些好年景,当时已知感激;之后看着种种衰颓落幕,心情不会是没有黯然落寞的。但也无须抱怨,只视为天地运化的自然宿命,正因曾经鬓边插过一朵石榴花,才可如今仍疑吾鬓边有那朵鲜花,回味如火娇媚,亦不失为人间乐事。

水浒草木状

※

况且,簪花凋落了,我们还可有缘再种新花。簪花的典故"一枝花",在宋元时成为词牌曲调名,辛弃疾是较早使用的,其《一枝花·醉中戏作》,开头是:"千丈擎天手,万卷悬河口。黄金腰下印,大如斗。更千骑弓刀,挥霍遮前后。"这写的是他曾雄豪一时的举事起兵军旅生涯,极像梁山好汉昔年辉煌之状。然后写如今:"白发空回首……且自栽花柳。"是的,头上的簪花终属无根的风光,那就在回首铭记的同时,转到实实在在的土地上,去栽花植柳,自娱生涯吧。

——读《水浒》近半个世纪,所得不过如是,然亦足矣。

> 2024年7月11日,六月六晒书节——7月26日,炎夏酷暑之后雷暴热雨。

后记

时见两三花

第一朵

这本《大宋花事》,写于2020年至2024年,横跨我的几次重大转折(以及外界的一些变动),且是个人新生阶段的第一本书,从而有特别的纪念意味。

这数年间的种种,可从书内某些文字得到依稀印证,那是宋代花枝掩映的背景。在此,对当中"身·世双变"最直接的那段时期,再选记一些未写入文章的宋代书事、花事,为时光留痕。——虽然私人旧事琐屑不宜唠叨,但这等于以自己为标本,看看宋人及其作品、宋代植物元素,怎样落在一个当代人的命途上,与其现实生活紧密相连。这甚至可说是我们今天读宋的意义。

2022年11月,又是一轮接一轮的紧张工作、日夜忙碌,私下感叹,想起苏轼一再说过的希望"早退"……然后又像往常那样,在常态化中忽接变化的消息:关于体检。对此,本书《使君原是此中人》等篇已有记录。在如此翻覆和冲击之下,我却像一

大宋花事

＊

年前11月经历离开农事之变时发的帖子："居然还有花，居然还有心情看花。"如今面对更巨大的变故，公私两忙中我又居然还有闲心，抽空写写花木文（使君子篇），照常购览草木书：接获初检结果的当晚，仍在网上订了《草木诗心》（天津人民出版社，2022年9月）和《杉木与帝国》（上海光启书局，2022年8月），月底收到。前者是徐斌写唐代张籍诗歌中的植物世界，后者是美国孟一衡所著（张连伟等译）的中国林业资源利用史，副题为"早期近代中国的森林革命"，这"早期近代"是从宋代讲起，该书提出："我们还没有完全走出宋朝开启的森林时代。"借此二书或可为喻：正因世事无常，才更要维系自己的"草木诗心"，才更要留在宋代的林荫下，获得一点内在的平静安宁——此乃"我们没有走出宋朝森林"的精神意义上的小小例证。

2022年12月，带去住院的书中，有年初未看完的夏坚勇《绍兴十二年》（江苏凤凰文艺出版社，2015年3月），手术后、出院前读毕。所述史事中，关于南宋乱世乱象的精警概括，可对应发一叹。也有社会性的内容，如从赏花讲到农作物的花，关于油菜由食用蔬菜被栽培成榨油作物，以及"菜花"一词的出现，都是在南宋；关于菜花堪称"华丽"等，让我这曾经的农人心悦。

这12月所购的唯一宋书，是王小兰的《宋代隐逸文人群体研究》（中国社会科学出版社，2013年11月），该主题是其时及

后记　时见两三花

※

其后表达自己抉择的聚书专项。入院前一天收到该书,出院后的月底,也即年底读毕。作者在谈北宋人的隐逸文学时讲道:"他们的诗文作品多借花草修竹等特定物象来抒写避世之乐。"这也是我向来的隐衷。完成手术后,因当时情况而提前逃离医院归家,兵荒马乱中,却欣喜看到阳台的月季、簕杜鹃、软枝黄蝉等花儿,嫣然重放,还有大橘、人心果等果儿,依然无恙地垂曳,最慰"避世"的归人心。

那些日子,交会了自身与时势的双重巨变,重睹花果茁壮的家常好景,是历劫重生后的珍贵安怡。人间乱云飞渡中,总有些像花草般的恒定永在,不欺不负,真好。但另一方面,尘寰倏忽变幻,那些花已不是之前的一朵了,人也该顺应转变。以此岁末,以己情形,当"改头换面"走向新阶段,"从头开始"绽放新姿。

第二朵

进入2023年春天,我于病休期间有几次与苏东坡在纸上恰好相遇。如2月3日,《岁时记》日历印的是苏轼《一丛花·初春病起》,其时家中的仙客来(对应癸卯兔年的兔子花)、杜鹃、百合、桂花、绣球花等,一丛丛都开得好;同时买到王水照等著《苏轼评传》。又如2月11日,是农历正月廿一,当年苏轼有《正月二十一日病后,述古邀往城外寻春》诗云:"病起空惊白发新……

一看郊原浩荡春。"那天我也正好到城郊看花,山坡上大片的波斯菊,以及黄槐、红花酢浆草等,锦绣浩荡,可养病眼;同时买到徐续选注的《苏轼诗选》(广东人民出版社,1987年2月)——都是如新春复苏般的佳景美意。

与日历上的宋人巧遇,还可记秦观的一则。2月最后一天,《岁时记》印了他的《点绛唇》:"醉漾轻舟,信流引到花深处……无计花间住……不记来时路。"那些天,看过一条古村里串钱柳红花掩映的水上荡舟之景,看过家居旁边旧村里木棉红花掩映的河上泊舟之景,还有不同花色的羊蹄甲与桃花,怡然之余,也有回想自己的繁花少年来时路之微怅。

这种花间欣悦之外的心事,更多是关乎自己的退归,亦有赖宋人的慰藉。2月下旬、农历二月初一,是仲春之始,购得施蛰存编的《宋花间集》(华东师范大学出版社,2014年8月),看到晏殊的《玉楼春》一句:"二月东风催柳信。"遂有感:花间缓缓,春日迟迟,很多事情都慢节拍。然而,始终还是保持自己的节奏,静待而沉浸于宋书、宋花之中吧,就如该词让我联想到的:仲春有脚,自会前来——与此意相应的,不是春柳,而是炮仗花,花期比往年推后,然"虽迟但到",终归盛开了,在身边的小区,在去游逛的古村,攀架缘树绕旧屋的灿烂。

那场退归的"漫长的告别",到4月下旬终于先完成了其中

后记　时见两三花

*

的卸任环节。所获的纪念物,有宋人书画:苏轼书陶渊明的《归去来兮辞》拓本(年初买过一次,所得是残本错版,现从另一店家购得全卷,也可算是经延搁后得以圆满的象征);李嵩《花篮图》摹本。后者是单位同事所赠,要稍为展开说说。我从"农司"轮岗到新部门"市司",时间很短(真正在岗只有一年),工作繁重(那2022年,用他们的话说,是单位有史以来"被拧得最紧的一年"),加上自己的个性所致,因而与同事们没什么业务外的深入接触,更罕有私下话题的交流,我从未对人表露过自己喜爱宋代的植物。不料他们仿佛知我趣味,请了本局一个擅长绘事的职工,临摹这幅《花篮图》,作为送别的私人礼物,让我感动和欣慰。原画是宋人名作,多种宋代画选都有收录,我手头还有一本专门图册《李嵩花篮图(三种)》(上海书画出版社,2018年6月),由宋栩栩撰文,深入解说绘画技法,以及画中的花卉。按其介绍,同事送我的那幅是临摹"三种"中的"春花",花篮盛载满布的,有黄刺玫、白碧桃、垂丝海棠、连翘、林檎等。其中,海棠还是宋代突出的名花。如此能代表宋画水平,能展现宋代花事,能反映宋人爱花风气背景的佳作,画面丰盈而又优雅,临摹亦非常精细逼真,甚为合心。——对之前的"农司",我多次表达过深切的情感,但借此要为"市司"说一句:这职场最后一站,是同样有缘而可喜的。无论在工作上还是在该画这类人情味上,我都无愧无憾,欣然归去来兮。

到8月上旬,正式获批退休,购以自贺的,有宋代佚名绘《归去来辞书画图》(文物出版社,2017年5月),画的是陶渊明《归去来兮辞》情景。那两天的《花庐花历》,印的分别是松毛翠,花语为"理想的生活";乌饭花,花语为"无心世事",亦得暗合之喜。

第三朵

以上一再提到与时日的巧合相应,其实还有一个更大的年度主题,是为对应2023年,我在年初选了些包含"二三"的古典诗词,最相宜的就出自宋人。如洪咨夔的《柳梢青》:"二满三平,粗衣淡饭,钟鼎山林。"该词所写"无限阳春""老子宽心"之态中的这"二满三平",是宋人常用俗语,意指平稳、过得去、无求无争。又作"三平二满",如辛弃疾的《鹧鸪天·登一丘一壑偶成》:"百年雨打风吹却,万事三平二满休。将扰扰,付悠悠,此生于世百无忧。新愁次第相抛舍,要伴春归天尽头。"此语(和这两首词)合我个人心情,也合于新年吉祥,遂搜购了相关书。

不过,"二满三平"虽是好话,但有点拗口,也生僻,更佳的、且涉及花事的,是"时见两三花"。这句话不少古人用过,今人三三还用来做了散文集书名,而写得最好的是辛弃疾的《江神

后记　时见两三花

*

子·博山道中书王氏壁》:"雪后疏梅,时见两三花……白发苍颜吾老矣,只此地,是生涯。"我甚喜切合己状。购得上述诸书的1月上、中旬,楼下的洋紫荆等,家中的水仙等,那些花、枝、叶之逸态,便很有"时见两三花"的佳致。

辛弃疾的"万事三平二满休"与"时见两三花",都作于退隐江西上饶时期。他幽居此地20年,写了大量佳词名篇,多有我所欣赏者,以前为文曾数次引用过当中的花事之作。2023年9月上旬往江西游,朋友做的线路刚好经过上饶,我便以"弃疾"之名吉利,作为祝祷,提出停留一天参访辛迹。

那天是白露,恰好辛弃疾写过《行香子·山居客至》:"白露园蔬,碧水溪鱼,笑先生、钓罢还锄……吾爱吾庐。"在明媚秋光中,我们第一站去看了他隐居的第一站——带湖,虽然"稼轩"之庐(其号即由此而取)早已无存,但该处郊野正有可锄可钓的农家蔬果、碧水游鱼,可感受他在《沁园春·带湖新居将成》中说的"意倦须还,身闲贵早",颇惬兴致。

然后到铅山的瓢泉,这是辛弃疾退隐的第二处居所,名字也是他起的。此地现仍为朴素清静的山野乡村、农舍菜地,依然林泉清致,宛然弃疾风味。赏泉之后登山,云天清旷,甚为畅怀,满目葱郁苍劲的松树,可想到他的"问松我醉何如……以手推松曰去"(《西江月·遣兴》)和"却将万字平戎策,换得东家种树书"

(《鹧鸪天·有客慨然谈功名,因追念少年时事,戏作》)。

随后去鹅湖书院,辛弃疾与来访的陈亮曾在此相聚。院中几棵桂花树,馥郁盛开,我走过时,有风不断吹下桂花,如一阵阵洒落的金雨,在宁静的阳光中像慢镜头般养眼悦心。辛弃疾写桂花的《清平乐·忆吴江赏木樨》云:"怕是秋天风露,染教世界都香。"《念奴娇·再用前韵,和洪莘之通判丹桂词》更特别,说:"多情更要,簪满嫦娥发。"——细碎的桂花也可用来簪戴,那么眼前壮观的清香落花,便似是从天上仙女的发边、宋代美人的鬓上飘来。

此外的稼轩乡,有其《西江月·夜行黄沙道中》的"稻花香里说丰年"之景;辛弃疾文化园,有其面对大好江山的巨型塑像;博山寺,可回味其《鹧鸪天·博山寺作》:"宁作我,岂其卿,人间走遍却归耕。一松一竹真朋友,山鸟山花好弟兄。"以上所引,皆为辛弃疾隐居上饶之作,综合参考了出行前所读邓广铭笺注的《稼轩词编年笺注》(上海古籍出版社,1978年1月)、携去旅途读的邓广铭《辛弃疾传·辛弃疾年谱》(生活·读书·新知三联书店,2017年3月),以及年初买的吴企明校笺的《辛弃疾词校笺》(上海古籍出版社,2018年12月)。

辛弃疾视为朋友弟兄的花木,我在上饶还看到:田间的瓜花、豆花、鸡冠花,依水的紫薇、睡莲,寺中的夹竹桃,尤其是山径旁

后记 时见两三花

野生的鸭跖草蓝花,极为清新可爱。在这样的"时见两三花"中,遂了对这位少年时代起长期喜爱的宋代杰出人物之参访。

当然,近年来我寻访宋人行迹,更多、更主要的还是苏轼。那将是另一本书的专题了,但本书也有几处片段涉及,如《草木苏州夏》。该文记在苏家弄的芭蕉下踏足东坡旧痕,后来则在周晨兄处赏翠蕉与墨蕉,听雨打芭蕉。要补充一个细节是,那回小聚中,我再次向周兄言及一个心愿,想请他为我的书做设计。近20年前,我已注目于周晨兄的书装古雅可赏,让书本身都可作案头清供。现在这部《大宋花事》,终可蒙他拨冗施与妙手,那必将是能得大宋清欢神韵的装帧,让我期待,先此拜谢。

也让我们都期待,继续在命途长旅中,寻得疗愈人生的两三花。

> 2023年11月1日,看田前后起笔;11月14日初稿。是日乃农历十月初二,苏轼抵达岭南贬所之时(其有诗《十月二日初到惠州》),正好购得"封面新闻"编著的《寻路东坡》(四川人民出版社,2013年6月),在去医院的路上,翻看惠州一章,题目是《寄情山水、疗愈人生的苦旅》。这个

意思真好,很可回味,于我还有具体暗合的吉祥可喜。

2024年9月17日中秋二稿。读宋人中秋诗词,李纲一首《念奴娇》最合如今情状:"丹桂扶疏,银蟾依约……有人独坐秋色……云山深处,这回真是休息。"